服装款式拓展设计

指导手册

花　芬◎主　编
梁　苑◎副主编
龚智芳　朱　昀　王明飞◎参　编

国家一级出版社　　中国纺织出版社　全国百佳图书出版单位

内 容 提 要

本书一共分为三章，第一章主要介绍 Adobe Photoshop CS5、Adobe Illustrator CS5 软件及其基本操作；第二章依托全国职业院校技能大赛服装设计与工艺赛项 2015~2018 年近四年的款式拓展设计赛题，系统地融入软件的应用和操作技法，对大赛试题进行针对性的解析；第三章精选 2015～2018 年全国职业院校技能大赛试题库中的试题作为作品欣赏；附录内容是 2018 年全国职业院校技能大赛服装设计与工艺赛项规程。本书提供了大量精选案例，并对绘图步骤进行了详细讲解，由浅入深，使读者通过学习与练习，具备使用绘图软件绘制效果图的能力。

本书适用范围广泛，既可以作为中高等院校服装设计专业学生的参考教材，也可作为服装设计师和相关领域从业人员的辅助读物。

图书在版编目（CIP）数据

服装款式拓展设计指导手册/花芬主编. -- 北京：中国纺织出版社，2019.6

ISBN 978-7-5180-5645-3

Ⅰ．①服… Ⅱ．①花… Ⅲ．①服装设计—手册 Ⅳ．①TS941.2-62

中国版本图书馆CIP数据核字（2018）第262645号

责任编辑：宗 静 特约编辑：朱佳媛 责任校对：寇晨晨
责任印制：何 建

中国纺织出版社出版发行
地址：北京市朝阳区百子湾东里 A407 号楼 邮政编码：100124
销售电话：010 — 67004422 传真：010 — 87155801
http：//www.c-textilep.com
E-mail：faxing@c-textilep.com
中国纺织出版社天猫旗舰店
官方微博 http：//weibo.com/2119887771
北京玺诚印务有限公司印刷 各地新华书店经销
2019 年 6 月第 1 版第 1 次印刷
开本：787×1092 1/16 印张：8.25
字数：85 千字 定价：59.80 元

前　言

全国中等职业院校技能大赛服装设计制作类项目自2012年开始进行赛项调整，赛项从原来的版型制作赛项变成了两个赛项，即工艺赛项和设计赛项。设计赛项包含款式设计技法、立体造型及纸样修正。服装设计发展至今，从过去的手绘方式逐渐演变为手绘和计算机结合的综合方式。

本书以2015~2018近四年全国中等职业院校技能大赛试题为参考，服装款式设计技法为主线，数码绘图软件为辅助工具，详细讲解如何使用绘图软件完成服装设计任务。从款式图的绘制到图案细节的制作以及服装效果图的完成，按照从基础到综合应用的思路逐步深入，培养应用绘图软件完成服装设计的综合能力，帮助老师、学生提高设计水平。

在本书的编写过程中，得到了北京服装学院刘娟副教授、郑州市科技工业学校王军副校长、郑州市经济贸易学校王松波老师的关心和帮助。同时，对郑州市科技工业学校韩思佳、崔忆秀、葛宇佳、乔硕几位做图片辅助编辑的同学表示真诚的谢意。欢迎业内人士对本书的不足提出宝贵意见。希望本书对服装专业的师生和广大参赛师生专业水平的提升有所帮助。由于笔者水平有限，书中难免有错误、错漏之处恳请使用本书的读者及服装专业同行提出宝贵意见。

编者

2018年

目　录

第一章
服装数码拓展设计

　　服装设计发展至今，从过去的手绘方式逐渐演变为手绘和计算机结合的综合方式，随着各类设计软件的出现，设计工作的形式也在不断更新。过去，因为工具的局限，服装设计重点放在效果图和款式图上，对于面辅料设计、色彩设计、主题设计风格设计、波段设计等则力不从心。服装数码设计的出现力求使服装设计得以完整的表现。

第一节　服装数码拓展设计概述

设计是人类有意识有目的有计划地以解决问题为导向的创造性行为，就是运用媒介物及表现方式将构想具体呈现出来，其本质就是解决生活中的实际问题并使之美化，就是发现生活的美，认识生活的美，优化生活质量。

服装设计是源于人们对生活的深层次需求（包括生理需求、心理需求、文化需求和审美需求），并运用一定的思维形式、美学规律和设计程序，将其设计构思以绘画的手段表现出来，并选择适当的材料，采用相应的裁剪方法和缝制工艺，使其设计进一步实物化的过程。服装设计其实就是对于服装廓型、面料、图案、细节等进行的设计，更是一种关于生活方式的表达，是一种生活态度的表现、是一种生活理念的表达。

服装设计会随着目标市场、产品类型、季节、消费者和零售商的不同而有所不同。服装拓展设计，主题的确立是设计作品成功的重要因素之一，设计主题是指对整体服饰流行风格分析归纳从而设定的设计主题。不同档次、不同风格的品牌需要截然不同的主题，同一品牌推出的主题应有共同的特征，在不断的新产品推介中，加强消费者对该品牌的认识。

服装拓展设计，在确定的主题下，包括色彩设计、款式设计、面料设计、服饰配套和陈列设计。主题色彩设计是单季流行色与品牌风格色彩的结合，只有将流行色与品牌的色彩风格有机地结合起来调和成新的品牌季度色融入新季度产品中，才是真正有价值的。

品牌成衣都有自己固有的款式风格，但是在进入新的季节时必须在新的主题思想指导下有新的款式变化，这样的款式设计既要符合品牌的一贯风格，又要体现流行趋势，还必须是时令适穿的款式。面料设计需要设计师敏锐地了解市场流行面料，并提出未来面料风格发展的方向，寻找符合主题思想的面料（图 1-1）。

手绘效果图的设计方式，仅仅能够满足款式轮廓构思阶段的设计工作，在色彩的准确性、材料的实际视觉效果、图形图案、设计企划等方面还远远不够，因此数码软件是新时期设计人员必须掌握的技能。

数码软件不仅是设计的辅助工具，更是设计工作的手段。数码软件由众多工具构成，工具的组合使用能形成一整套处理设计问题的工作方法，帮助设计师理清设计思路，完善设计内容，方便快捷地完成设计工作，有效提高设计工作的效率和质量。

廓型：飘逸宽松

面料&针织：粗棉布、水洗牛仔布、乔其蕾丝、洗水脱色针织面料、粉末颗粒表面效果的绒面革、亚麻、雪纺绸

印花&图案：花朵图案、鸟类图案

细节&饰边：索环装饰、腰部镂空设计、对称贴袋、荷叶边

配饰：坡跟凉鞋、罗马凉鞋、链条腰带、蛇皮单肩包

廓型：秋千款廓型、修身喇叭型、包臀裙

面料&针织：混棉、混丝、清新衬衫衣料、缎子

印花&图案：海地风景绘画印花、波点、热带植物图案、格子纹、条纹、长颈鹿图案、色块印花、鱼类图案

细节&饰边：刺绣、珠饰、蝴蝶结绑带束腰

配饰：经典高跟鞋、罗马鞋、拖鞋、有带拖鞋、点睛配饰与驴子和水果造型装饰、束腰腰带、手织包

图1-1　成衣主题色彩、款式发布

　　数码软件在服装设计中应用广泛，常用在服装款式图、效果图和服装设计企划方面。数码软件可以直接在服装设计图上更换颜色和图案，更方便在互联网上根据用户要求设计个性化服装或者根据客户需求实施修改。在数码软件上设计可以很方便地观察设计效果，并通过复制快速得到多个设计方案，便于观察和选择设计，提高工作效率。

第二节　服装绘图软件简介

　　现阶段在服装设计中使用的通用软件主要有 Adobe Photoshop（以下简称 PS）、

Adobe Illustrator（以下简称 AI）、CorelDRAW（以下简称 CDR）和 Painter。本书选择现阶段设计界普遍使用的前两种，即 PS 和 AI（简称）作为示范软件工具。

PS 是制作和处理位图文件的软件，AI 是绘制矢量文件为主的软件。位图由像素构成，矢量图由数学上一系列连接的点构成。位图由栅格构成，分辨率大就清晰，分辨率小就模糊，常用分辨率 300dpi。位图色彩模式有 RGB（常用色彩模式）和 CMYK（印刷模式）。矢量图不受分辨率影响，理论上可以无限放大。一般情况下使用 AI 绘制线条和轮廓，使用 PS 绘制色调和图片效果。

一、位图与矢量图的基本概念

位图和矢量图，是根据运用软件以及最终存储方式的不同而生成的两种不同的文件类型。在图像处理过程中，分清位图和矢量图的不同性质是非常必要的。

位图，也叫光栅图，是由很多个像小方块一样的颜色网格（即像素）组成的图像。位图中的像素由其位置值与颜色值表示，也就是将不同位置上的像素设置成不同的颜色，即组成了一幅图像。

如图 1-2 所示为一幅图像的小图及放大后的显示对比效果，从图中可以看出像素的小方块形状与不同的颜色。所以，对于位图的编辑操作实际上是对位图中的像素进行的编辑操作，而不是编辑图像本身。由于位图能够表现出颜色、阴影等一些细腻色彩的变化，因此，位图是一种具有色调图像的数字表示方式。

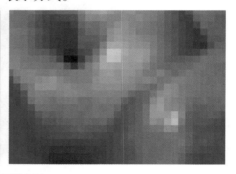

图1-2　图像对比

1. 位图特点

位图具有以下特点：

（1）文件所占的空间大。用位图存储高分辨率的彩色图像需要较大储存空间，因为像素之间相互独立，所以占的硬盘空间、内存和显存比矢量图都大。

（2）会产生锯齿。位图是由最小的色彩单位"像素"组成，所以位图的清晰度与像素的多少有关。位图放大到一定的倍数后，看到的便是一个一个的像素，即一个一个方形的色块，整体图像便会变得模糊且会产生锯齿。

（3）位图图像在表现色彩、色调方面的效果比矢量图更加优越，尤其是在表现图像的阴影和色彩的细微变化方面效果更佳。可采取高分辨率印刷。

2. 矢量图特点

矢量图，又称向量图，由图形的几何特性来描述组成的图像，其特点如下：

（1）文件小。由于图像中保存的是线条和图块的信息，所以矢量图形与分辨率和图像大小无关，只与图像的复杂程度有关，简单图像所占的存储空间小。

（2）图像大小可以无限缩放。在对图形进行缩放、旋转或变形操作时，图形仍具有很高的显示和印刷质量，且不会产生锯齿模糊效果。

（3）矢量图形文件可以在任何输出设备及打印机上以打印机或印刷机的最高分辨率输出。

二、常用文件格式

文件做好后，需要选择一种格式储存，文件格式也称"文件扩展名"，如"童装设计 .jpg"图形类文件格式见表 1–1，图形软件常用色彩模式见表 1–2。

表 1-1　常用图形文件格式

格式	使用情况	用途	实用频率	常规文件大小
.jpg	常规格式	PS 常规图片文件	常用	较大
.PSd	编辑格式	PS 格式，保留编辑	常用	很大
.ai	常规格式 编辑格式	Ai 格式，保留编辑	常用	很大
.cdr	常规格式 可编辑	CorelDRAW 主要格式，保留编辑	常用	较大
.web	Windows 系统常用	方便各类图形软件之间打开	一般	很大
.gif	动画格式	网络小动画	不常用	大
.png	无背景格式	图形文件	常用	中
.tif	扫描格式	扫描仪格式 打印失真少	不常用	很大
.pdf	电子文档格式	各系统间不受影响 电子书、电子读物	不常用	中

表 1-2　图形软件常用色彩模式

色彩模式	应用
灰度	无彩色
RGB	常用模式
HSB	全面模式
CMYK	印刷模式

三、Photoshop 简介

Photoshop 是 Adobe 公司旗下最为出名的图像处理软件之一，是集图像扫描、编辑修改、图像制作、广告创意、图像输入与输出于一体的图形图像处理软件。从功能上看，Photoshop 可分为图像编辑、图像合成、校色调色及特效制作部分。

Photoshop 界面图像编辑是图像处理的基础，可以对图像做各种变换如放大、缩小、旋转、倾斜、镜像、透视等，也可进行复制、去除斑点、修补、修饰图像的残损等，这在婚纱摄影、人像处理制作中有非常大的用场，去除人像上不满意的部分，进行美化加工，得到让人非常满意的效果。

图像合成则是将几幅图像通过图层操作、工具应用合成完整的、传达明确意义的图像，这是美术设计的必经之路。Photoshop 提供的绘图工具让外来图像与创意很好地融合，使图像的合成天衣无缝。深受广大平面设计人员和电脑美术爱好者的喜爱。

图像处理是 Photoshop 的主要功能、工具与技法众多，可分为形状处理、色调处理、肌理处理、合成处理和画面处理。其中变换、图像调整和滤镜是常用的图像处理工具。

Photoshop 不仅能修改美化图片，也可以通过画笔、颜色等工具绘制图形，表现出手绘的效果。Photoshop 绘制常用工具有图层、通道和路径。

Photoshop 绘制在服装设计中主要应用在效果图方面，结合数位板和手绘屏等外接设备，可以如手绘一样更好更快地完成服装设计表现的各种绘制。

四、Adobe Illustrator 简介

Adobo Illustrator 为设计界广泛使用的矢量绘图软件，在服装设计方面拥 有流畅而丰富的线条，PS 即使使用钢笔工具，也无法得到 AI 这种清晰干净的富有表现力的矢量线条。AI 与 PS 有相似的界面。

1. 绘制

在 AI 软件界面中使用钢笔工具、形状工具绘制各种形态，利用锚点对 形态进行改动。使用基本绘图工具时， 在工作区中单击可以弹出相应的对话 框，可以在对话框中

对工具的属性进行精确的设置。

2. 设色

选择需要填色的形状，通过设色 工具对轮廓和线条进行色彩填充、透明度多少、渐变处理。

第三节　Adobe Photoshop基本操作

一、Adobe Photoshop常用快捷键（表1-3）

表 1-3　PS 常用快捷键表

工具和效果	快捷键	工具和效果	快捷键
移动工具	V	临时使用抓手工具	空格
魔棒工具	W	保存当前图像	Ctrl+S
套索、多边形套索、磁性套索	L	还原、重做前一步操作	Ctrl+Z
裁剪工具	C	一步一步向前还原	Ctrl+Alt+Z
画笔工具、铅笔工具	B	一步一步向后重做	Ctrl+Shift+Z
橡皮图章、图案图章	S	拷贝选取的图像或路径	Ctrl+C
渐变工具、油漆桶工具	G	自由变换	Ctrl+T
自由旋转画布	R	调整色阶	Ctrl+L
减淡、加深、海绵工具	O	自动调整色阶	Ctrl+ Shift+L
文字工具	丁	打开曲线调整对话框	Ctrl+M
钢笔、自由钢笔	P	选择彩色通道	Ctrl+~
矩形、圆边矩形、椭圆、多边形、直线	U	打开"液化"对话框	Ctrl+ Shift+X
吸管、颜色取样器、度量工具	I	合并可见图层	Ctrl+ Shift+E
抓手工具	H	通过拷贝建立一个图层	Ctrl+J
缩放工具	Z	全部选取	Ctrl+A
默认前景色和背景色	D	取消选择	Ctrl+D
切换前景色和背景色	X	羽化选择	Ctrl+ Alt+D
切换标准模式和快速蒙板模式	Q	反向选择	Ctrl+ Shift+I
标准屏幕模式、带有菜单栏的全屏模式、全屏模式	F	按照上一次的参数再做上一次的滤镜	Ctrl+F
临时使用移动工具	Ctrl	放大视图	Ctrl++
新建图形文件	Ctrl+N	缩小视图	Ctrl+ －
打开已有图像	Ctrl+O	满画布显示	Ctrl+0

二、打开与设置

步骤 1：点击桌面上的 PS 软件，双击打开。进入到 PS 的主界面中，如图 1-3 所示。

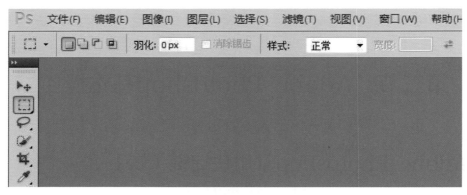

图1-3　PS主界面

步骤 2：点击界面上方的【文件】选项中的【新建】，就可以新建画布，如图 1-4 所示。

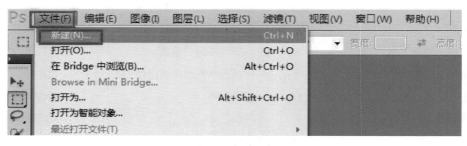

图1-4　新建画布

步骤 3：在完成画布的新建之后，就可以画布的大小以及像素进行设置，如图 1-5 所示。

图1-5　设置像素

步骤 4：在界面下方的分辨率可以自己调节，通常情况下选择 72 即可，如图 1-6 所示。

图1-6　调节分辨率

步骤 5：在颜色模式上，一般选择"RGB 颜色"， 如图 1-7 所示。

步骤 6：在"背景内容"中，通常选择"白色"或者"透明"，如图 1-8 所示。

步骤 7：把所有的选项设置好后，点击界面右上角的【确定】按钮，系统会提醒"新建画布成功"， 如图 1-9 所示。

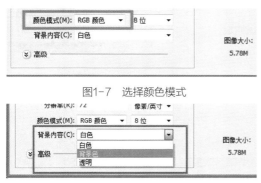

图1-7 选择颜色模式

图1-8 选择背景

图1-9 新建画布

三、图片的移动

Ctrl+ 滚轮，页面左右移动，Shift+ 滚轮，页面上下翻页，Alt+ 滚轮，页面缩小放大，空格 + 左键，页面自由移动，空格 + 右键，页面快速变为 100% 的实际大小和适应屏幕的全图观看视角（也可以 Ctrl+ 小键盘的 0 和 1，来控制），如图 1-10 所示。

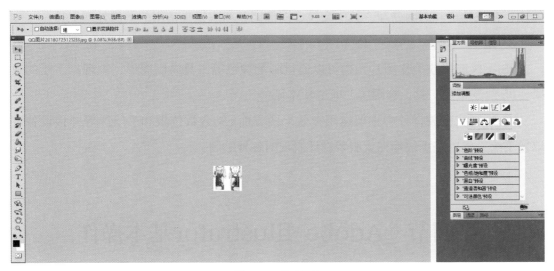

图1-10 移动图片

四、PS工具栏操作实践

PS 中工具和菜单命令（图 1-11），没必要一一熟记，中文版的 PS 在工具栏，点击工具都有中文备注。PS 的主要功能包括选择、图像处理和绘制。

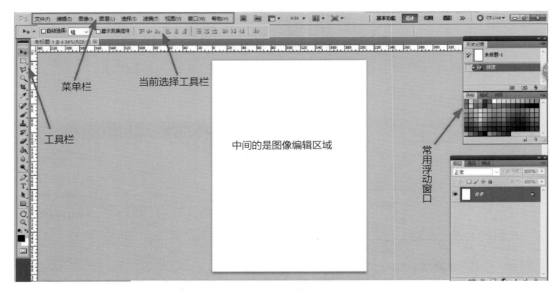

菜单栏

当前选择工具栏

工具栏

中间的是图像编辑区域

常用浮动窗口

图1-11　工作界面

1. 选择

形状选择在 PS 里非常重要，用于图片修改与合成，是 PS 重要的功能，因此 PS 提供了多种选择工具，包括框选、手动选择、自动选择、精准选择、路径选择和色彩选择等类型，其中魔棒、钢笔、图层蒙板和色彩范围选择是常用的选择工具。

2. 图像处理

图像处理是 PS 的主要功能，工具和技法众多，可分为形状处理、色调处理、肌理处理、合成处理和画面处理。其中变换、图像调整和滤镜是常用的图像处理工具。

3. 绘制

PS 不仅能修改美化图片，也可以通过画笔颜色等工具绘制图形，表现出手绘的效果。PS 绘制常用工具，有图层、通道和路径。

PS 绘制在服装设计中主要运用在效果图方面，结合数位板和手绘屏等外接设备可以像手绘一样更好更快地完成服装设计表现的各种绘制。

第四节　Adobe Illustrator基本操作

一、Adobe Illustrator 操作界面

在 Windows 界面左下角的 开始按钮上单击。在弹出的【开始】菜单中，依次选择【所有程序】/【Adobe Illustrator CS5】命令，屏幕上出现 Illustrator CS5 启动画面，稍

等片刻，即可启动 Illustrator CS5 软件系统。在工作区中打开一幅矢量图形，其默认的工作界面窗口布局如图 1-12 所示。

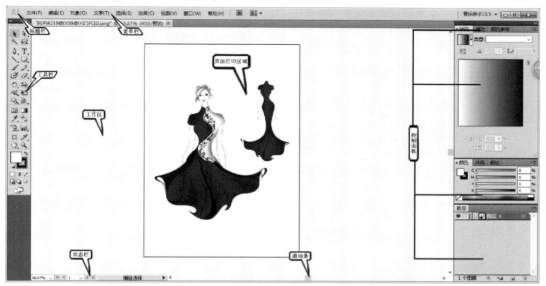

图1-12　工作界面

1. 标题栏

在标题栏中显示的是软件图标、切换到 Bridge 窗口、设置文件排列方式以及基本功能设置等。

2. 菜单栏

菜单栏中包括【文件】【编辑】【对象】【文字】【选择】【效果】【视图】【窗口】和【帮助】9 个菜单。单击任意一个菜单，将会弹出相应的下拉菜单，其中包含若干个子命令，选择任意一个子命令即可执行相应的操作。

3. 控制栏

在控制栏中包含一些常用的控制选项及参数设置，用于快速执行相应的操作。

4. 工具箱

工具箱的默认位置在工作区的左侧，它是 Illustrator 软件常用工具的集合，包括各种选择工具、绘图工具、文字工具、编辑工具、符号工具、图表工具、效果工具、更改前景色和背景色的工具等，如图 1-13 所示。

5. 状态栏

状态栏位于文件窗口的底部，显示页面的当前显示比例和相应的其他工具信息。在比例窗口中输入相应的数值，就可以直接修改页面的显示比例。

6. 滚动条

在绘图窗口的右下角和右侧各有一条滚动条，单击滚动条两端的三角按钮或直接拖曳中间的滑块可以移动打印区域和图形在页面中的位置。

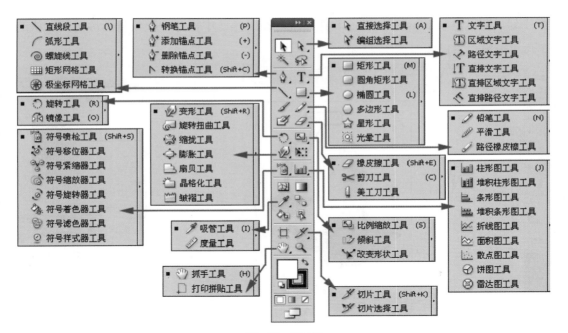

图1-13 工具箱

二、Adobe Illustrator常用快捷键（表1-4）

表1-4 AI部分常用快捷键

工具和效果	快捷键	工具和效果	快捷键
使用铅笔、钢笔工具时	按【Ctrl】可切换到上次使用的选择工具或直接选择工具，按Alt键可以切换到平滑工具	使用多边形和星形工具时	1. 按住【Shift】+鼠标拖动摆正位置 2. 上下方向键+鼠标拖动调整边或点的数量 3. 按住【Ctrl】+鼠标拖动调整星形外径或内径大小
钢笔绘制结束	【Ctrl】+鼠标左键	切换为渐变填充	【G】
添加描点工具	【=】	切换为无填充	【/】
删除描点工具	【-】	标准屏幕模式、带有菜单栏的全屏模式、全屏模式	【F】
保存当前图像	【Ctrl】+【S】	临时使用抓手工具	【空格】
连接两条单独的路径	【Ctrl】+【J】	复制物体	【Alt】+【拖动】
使用铅笔工具闭合路径切换填充和描边	按住【Alt】键	切换为颜色填充	【<】
编组	【Ctrl】+【G】	还原前面的操作（步数可在预置中）	【Ctrl】+【Z】
取消编组	【Ctrl】+【shift】+【G】	选取全部对象	【Ctrl】+【A】

第二章
全国职业院校技能大赛试题
服装款式拓展设计赛项详析

  自 2007 年全国职业院校技能大赛开展以来，赛项从原来的工艺赛项逐渐增加为两个赛项，至 2018 年赛项合并为服装设计制作综合赛项。自 2012 年款式设计赛项开始纳入全国大赛中，设计赛项中的设计软件也在结合市场不断更新，对款式拓展的要求从开始的款式拓展设计到现在的款式效果图设计，难度逐年增加，设计软件上使用了目前市场上普遍使用的 CorelDRAW 、Graphics Suite X4、Illustrator CS5、Photoshop CS5 等软件，题目上根据当年的流行趋势，增加流行元素，印花、绣花，考核色彩、纹样以及款式设计的整合能力。服装技能大赛中职设计组比赛结合企业真正需求，针对单纯的成衣流行款式进行拓展设计，以求紧跟销售市场节奏，设计生产出流行的服装款式。

第一节　服装款式拓展设计赛项分析

一、服装款式拓展设计评分表（表2-1）

表 2-1 款式拓展设计评分表

模块	评分项目	评分要点	分值	评分方式
服装款式拓展设计（15分）	拓展款式设计的结构与比例	1. 根据题意，进行服装款式图正、背面拓展设计，要求结构合理 2. 服装拓展正、背面款式图，线条清晰流畅，粗细恰当，层次清楚 3. 比例美观协调，符合形式美法则	5分	结果评分 主观评分
	服装款式细节与工艺表达	1. 服装款式细节表达清楚，设计合理 2. 工艺特征明确 3. 在款式图上难以直观表达的局部细节造型，可使用局部特写图表达	2分	结果评分 客观评分
	软件应用能力	图形与图像处理软件结合使用，绘画表现力能力强	2分	结果评分 主观评分
	服装色彩、面料肌理表现	1. 分析图像特征，提取其色彩和图形元素，重新组合，并运用到拓展设计中 2. 能根据图片素材风格的特性，选择相应的技法表现肌理、质感和纹样效果 3. 能根据服装风格及提供的素材图片，把握服装与色彩的关系	4分	结果评分 主观评分
	设计元素与风格、整体造型效果	1. 设计元素运用恰当，主题鲜明，造型新颖，整体风格协调统一 2. 服装整体造型效果符合命题要求。设计作品具有创新意识，符合市场流行趋势，具有时代感	2分	结果评分 主观评分

二、赛项分析

从表 2-1 中可以看到，款式拓展设计赛项包括了结构比例、服装款式细节与工艺表达、软件应用能力、服装色彩、面料肌理表现、设计元素与风格、整体造型效果等，与2012 年相比，增加了软件应用能力的考量，弱化了款式的工艺细节表达，注重款式的结构与比例，增加了整体造型效果与风格相符，要求选手运用素材设计出独特的面料肌理并与服装设计的主题融合起来，这种趋势的导向符合国际对现代服装设计师的要求。

三、大赛训练建议

服装款式拓展设计有两大模块："绘制款式图"和"款式拓展"。"绘制款式图"是用电脑绘制平面结构图。"款式拓展"则是充分发挥人的想象力，突破原有的知识局限，从不同的方向和途径去拓展、设想，作款式的延伸设计。前者是款式设计的必要基础，后者是体现款式设计的水平和想象能力的重要标志。在服装款式设计教学中，要培养学生的发散思维能力，首先要储备足够的素材，其次要掌握科学有序的思维拓展规律，才能准确构思、表达新的款式，最后还要通过有效的训练，使这种能力得到强化和提升。

进入技能大赛集训队的选手，要具备一定的基础，了解服装设计的结构和工艺基础理论，有一定的领悟力，但缺乏系统的拓展设计综合实训经历，美术基础不扎实，审美眼光有待进一步培养。要求这些学生在短期集训中快速提高服装设计水平，不仅要进行大量的训练，更要查阅丰富的服装资料和图片以提高服装鉴赏品位。

1. 捕捉流行特征的敏锐感

对于处在这个岗位上的设计者而言，要能够敏锐而准确地捕捉正在流行的服装款式中的流行元素。流行元素大体可分为三类：装饰性元素、结构性元素、结构与装饰相结合元素。如衣领造型的变化、袖与肩造型的变化、流行的装饰件等。可进行专门的捕捉元素能力培养训练：让学生每天收集一定量的图片，且快速分析流行元素，分析时尚流行趋势，具体到流行趋势的哪些细节都要搜集。

2. 注重局部细节的细腻感

一个好的设计师要有在细节上做足文章的能力，在某一点进行深入，直到打动人心为止。要求学生做学习资源库，搜集各部位的各种流行造型并进行记忆。建议学生平时准备一个图画笔记本，每天看款式图半个小时，看到好的细节就画下来，日积月累，学生的"细节储备"就会有一定的量，量变形成质变，久而久之，学生在细节的处理上就会有底气。

3. 把握设计主次的风格感

一件衣服的设计首先给人留下深刻的印象不是衣服款式的本身，往往是服装的风格，粗犷的、甜美的、浪漫的、乡村的、复古的。学生需要对风格把控特别准确，这就需要多看品牌定位，多看主题系列，一些风格鲜明的主题服装让学生熟悉并有意识地去体会。在做设计的时候，看到主题就能准确判断出是什么风格，其次是色彩设计，然后是面料设计、款式设计，切忌在颠倒的过程中不知所措。

4. 理解结构工艺的衔接感

服装设计包括造型设计与结构设计两部分，这两者的关系是相互支持、相互影响的。设计者不能单纯进行思维设计和绘图，必须知晓服装结构的核心点、理解结构变化源，才能巧妙运用结构线去塑造形体，有效控制服装成品率。学生要做到设计的结构合理与到位，就必须加强结构的解构训练。所以服装款设计拓展设计的训练往往离不了对立体裁剪、平面裁剪、工艺缝制的相关课程的熟悉，脱离了结构工艺的设计，往往带来了很多的被动。所以说，一个好的设计师也应该是一个好的制板师、好的工艺师，相辅相成，不可分割。切勿走入设计就是画画的误区。

第二节　2015年全国职业院校技能大赛服装拓展设计技法详析——青花瓷主题

一、《2015年全国职业院校大赛中职组"服装设计与制作"赛项实操试题库》

女时装电脑款式拓展设计参考题如图 2-1 所示。该案例以中国瓷器青花瓷为主题的连衣裙设计，设计元细节分别是钟型廓型、圆袖、波浪摆、刺绣图案、传统工艺。

从题材上看到，这是一款中西结合的连衣裙，采用青花瓷图案设计，廓型区别传统直身廓型。在设计的时候，采用了传统的立领款式、盖状圆袖，体现了中国传统女子的婉约。在前中门襟采用了太极的曲线图案，阴阳结合。色彩与款式结合，以深蓝色作为主调色，与青花的颜色呼应一致，在门襟拼接处镶青花图案。裙子的底摆采用了鱼尾式波浪摆结构设计，前短后长雍容典雅。

二、操作步骤

步骤 1： 打开 Adobe Illustrator CS5 软件。点击右上角的【文件】，点击【新建文档】选择 A4 纸张，如图 2-2 所示。

步骤 2： 在视图中找标尺点击【显示标尺】，从左上角拉标尺选择中心点，根据横轴 x（0，5，25，53，82，92）、纵轴 y（0，-8，-17，-23，-24）拉出对应标尺线，

青花瓷：古瓷尚青，窑器青为贵，青色是一种安定宁静的色调，书香门第、大户人家大多将青花瓷作为装饰品，是一种身份和地位的象征

设计元素：钟型廓型/圆袖/波浪摆/刺绣纹样/传统工艺

拓展设计：连衣裙

图2-1　2015全国职业院校技能大赛服装款式设计试题

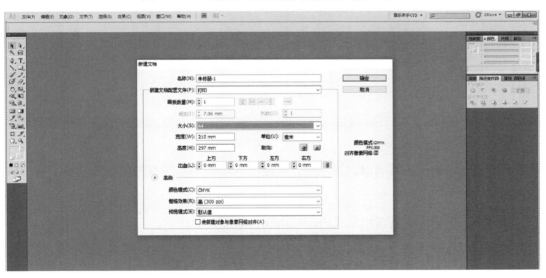

图2-2　设置画布大小

如图 2-3 所示。

　　步骤 3：点击钢笔工具（P），从领子开始画出女装基础人体模型线稿，描边顺

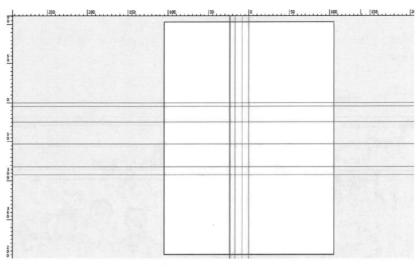

图2-3 做标尺线

序：领圈、肩线、袖窿、腰带、前中线，如图 2-4 所示。

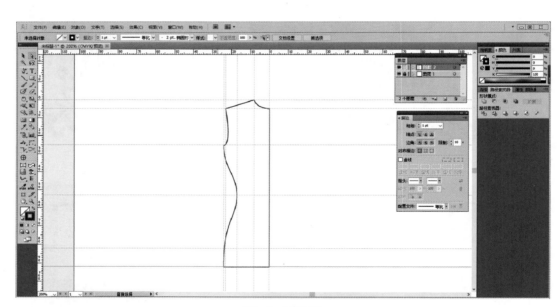

图2-4 钢笔描边

步骤 4：用钢笔工具画出款式轮廓，快捷键 A 可以调整所有的描点和调整手柄，如图 2-5 所示。

步骤 5：用钢笔工具画出款式内部结构线，如图 2-6 所示。

步骤 6：选择要改变的线 ，在描边内进行改变，线条的颜色在钢笔的描边内双击颜色可以改变颜色调整线条线型，线条要流畅，如图 2-7 所示。

步骤 7：用快捷键 V 选中全部，点击鼠标右键，再点击变换，再点击对称，选择垂直，点击【复制】。在复制出的图的基础上改成图示中的背面图，完成正、背面款式图线稿，在文件中的【存储】中进行保存，如图 2-8 所示。

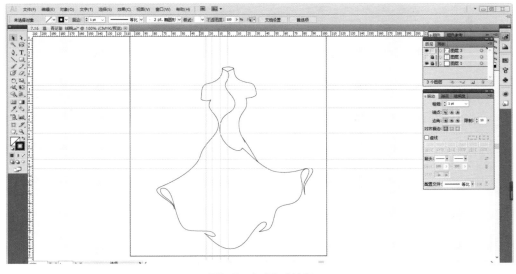

图2-5 完成款式轮廓

图2-6 画款式内部结构线

图2-7 调整线条

图2-8　画后片轮廓

步骤8： 打开 Adobe Photoshop CS5 打开文件点击【新建】预设选择"国际标准纸张"点击【确定】，如图 2-9 所示。

图2-9　载入PS界面

步骤9： 在文件中点击打开，选择保存画好的 Adobe Illustrator CS5 文件图，如图 2-10 所示。

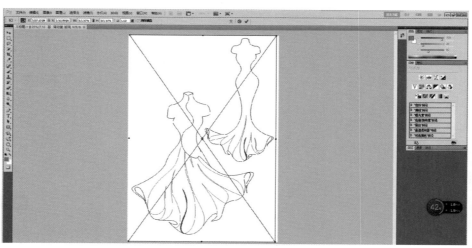

图2-10　打开文件

步骤 10：接着用魔法棒工具（W）选中要填充颜色的部分，如图 2-11 所示。

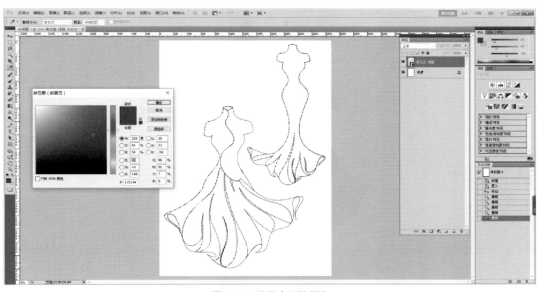

图2-11　选择合适的颜色

步骤 11：在左边工具栏的最下边可调整颜色，双击【颜色】可以调换颜色，如图 2-12 所示。

图2-12　填充颜色

步骤 12：选中颜色的图层用油漆桶（G）进行填色，如图 2-13 所示。

步骤 13：在选择线稿的图层，用魔法棒工具（W）选中要填充颜色的部分，双击【颜色】可以调换颜色，如图 2-14 所示。

步骤 14：用磁性套索工具，选中要抠出的图，按【Ctrl+C】进行复制。在点到拼图文档中，按【Ctrl+V】进行粘贴，如图 2-15 所示。

图2-13

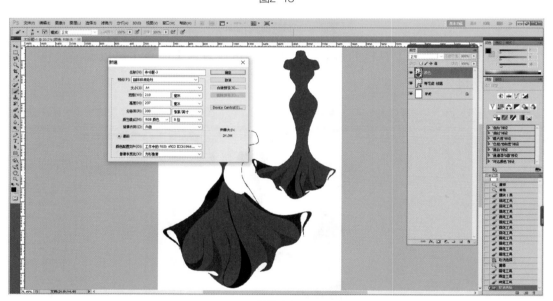

图2-14

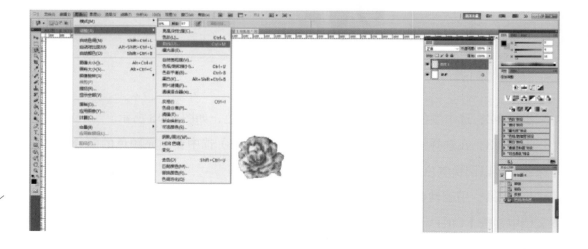

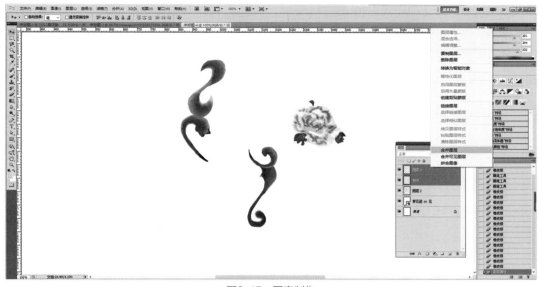

图2-15 图案制作

步骤 15：点击图像调整点击反相，调整点击【色相／饱和度】进行调色，点击【图像调整】，点击曲线进行调整，用橡皮工具将不需要的部分擦掉，如图 2-16 所示。

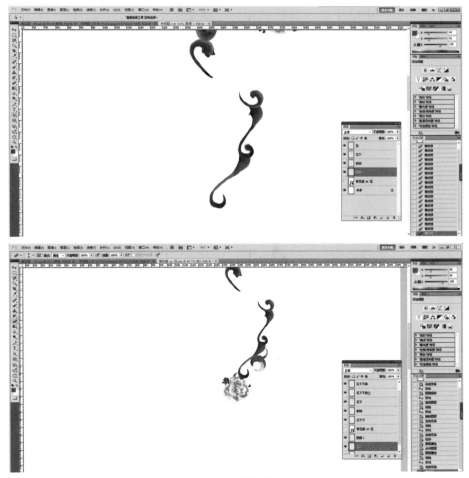

图2-16 图案制作

步骤 16： 按【Ctrl+T】点击右键变形，调整图案，如图 2-17 所示。

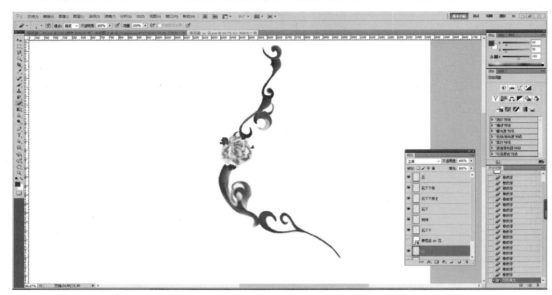

图2-17 完成图案

步骤 17： 复制出要进行粘贴的图片，用魔法棒工具（W）选中要粘贴图片的地方，按【Ctrl+Shift+Alt+V】进行复制，如图 2-18 所示。

图2-18 复制图层

步骤 18： 在图层中添加新图层作为涂阴影的图层。把颜色调成可以作为阴影部分的颜色，深色衣服用较深一点的灰色，浅色的衣服用较浅的灰色，如图 2-19 所示。

步骤 19： 用魔法棒工具（W）选中要涂阴影的部分，在阴影图层用画笔工具（B）来涂色，如图 2-20 所示。

步骤 20： 根据比赛版式，将设计用色系和设计的图案按照要求排版。作品完成后在文件的储存中进行保存，如图 2-21 所示。

图2-19 完成图案装饰

图2-20

图2-21 排版图片

2015年全国职业院校技能大赛中职组"服装设计与制作"赛项女时装电脑款式拓展设计

青花瓷：

古瓷尚青，窑器青为贵，青色是一种安定宁静的色调，书香门第、大户人家大多将青花瓷作为装饰品，是一种身份和地位的象征

设计元素：

钟型廓型/圆袖/波浪摆/刺绣纹样/传统工艺

第三节　2015年全国职业院校技能大赛服装拓展设计技法详析——近现代旗袍系列设计技法

《2015年全国职业院校技能大赛中职组"服装设计与制作"赛项实操试题库》

一、案例解析

女时装电脑款式拓展设计参考题如图2-22所示。

该案例以近现代时期旗袍为主题的连衣裙设计，设计细节分别是刺绣技法、传统纹样与工艺（图2-22）。

图2-22　2015年全国职业院校技能大赛款式设计试题

从试题上看到，这是一款近现代时期旗袍，采用琵琶襟，中国传统旗袍归拔工艺手法，色调为暖色调，图案采用传统花卉连续纹样。综合以上因素，在设计的时候，采用了传统的立领款式，结合传统双襟设计，加入绲边、镶边工艺，体现了中国传统女装的婉约，大裙摆结构。款式上没有强调连衣裙的廓型，因此在设计的时候加大裙摆，作为设计的突破点。在胸部、腰部和领口加入绣花图案，腰部的绣花图案有收腰效果。色调采用暖色调，X 廓型，公主线分割的中式元素的连衣裙。

二、操作步骤

步骤 1：首先打开 Adobe Illustrator CS5 软件。点击右上角的【文件】，点击【新建】选择 A4 纸张，如图 2-23 所示。

图2-23 设置画布大小

步骤 2：在视图中找标尺点击显示标尺，从左上角拉标尺选择中心点，根据横轴 y（0，5，25，53，82，92）纵轴 x（0，-8，-17，-23，-24），如图 2-24 所示。

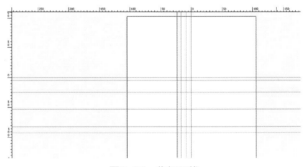

图2-24 作标尺线

步骤 3：用钢笔工具（P）从领子开始画出基本原型线稿的一半，用选择工具（V）框选全部点击右键选择变换对称垂直，点击复制，钢笔的描边要和图中一样，如图 2-25、图 2-26 所示。

步骤 4：以基本原型线稿作为参考，用钢笔工具一点一点的画出连衣裙上身轮廓，点击快捷键（A）调整所有的描点和手柄，如图 2-27 所示。

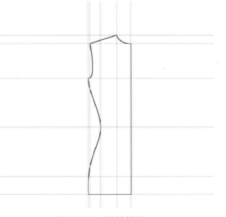

图2-25 钢笔描边

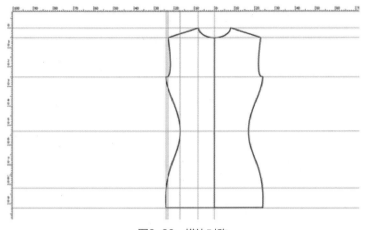

图2-26　描边对称

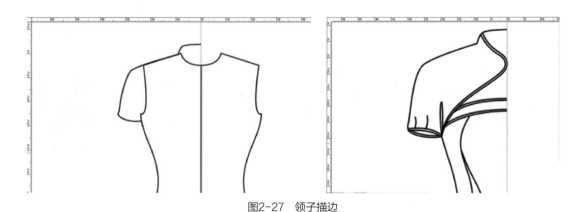

图2-27　领子描边

步骤5：画出连衣裙轮廓，再用描边工具调整线条，如图 2-28 所示。

图2-28　画出内部结构线

步骤6：线稿画完保存后，再打开 Adobe Photoshop CS5 文件点击新建，在预设里选择【国际标准纸张】点击【确定】。用魔法棒工具（W）选中要填充的颜色，如图 2-29 所示。

图2-29 完成前片线稿

步骤 7： 在工具栏最下方有调整颜色，在设置前景色中选出早填充的颜色，同时在窗口中点击图层，在图层最下方点击添加图层，双击图层文字可以重命名，在颜色图层中填充颜色，一样的方法填出所需要填充的颜色，如图 2-30 所示。

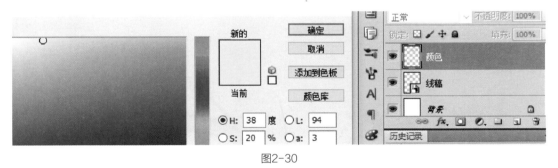

图2-30

步骤 8： 用磁性套索工具（L）套索出蝴蝶图案，选择【图像调整】中点击色相 / 饱和度，进行变色，如图 2-31 所示。

步骤 9： 用磁性套索工具（L）套索出花卉图案，选中要对称的图片，按【Ctrl+C】进行复制，按【Ctrl+V】进行粘贴，再按【Ctrl+T】点击鼠标右键点击水平翻转，最后按【Enter】结束变换，如图 2-32 所示。

步骤 10： 做好之后再复制已做好的组合图案，用魔法棒工具（W）选中要填图片的位置，按【Ctrl+Shift+V】进行粘贴，如图 2-33 所示。

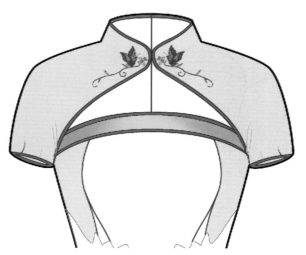

图2-31 制作领部细节

图2-32 花卉图案细节

图2-33 胸部制作图案

步骤11：用磁性套索工具选出花卉图案，选中图案，在【自由变换】（Ctrl+T）中可以变形，调出需要的形状，如图2-34所示。

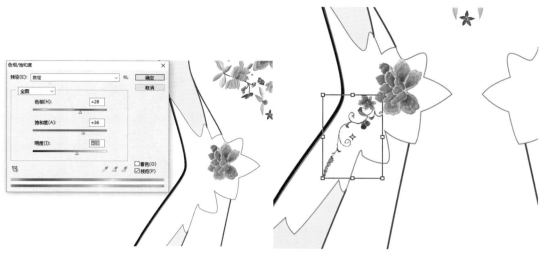

图2-34 腰部细节图案制作

步骤 12： 复制出腰节花卉图案，在【自由变换】（Ctrl+T）中可以【水平翻转】，粘贴到右侧腰节位置，如图 2-35 所示。

步骤 13： 一样的方法进行复制水平翻转，如图 2-36 所示。

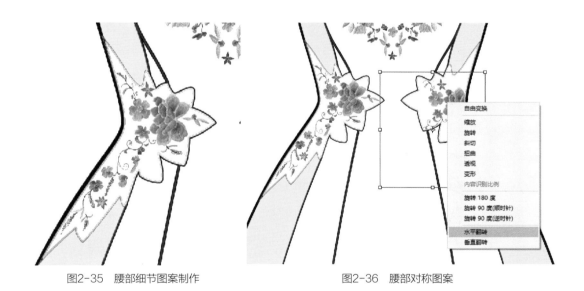

图2-35 腰部细节图案制作　　　　　　　图2-36 腰部对称图案

步骤 14： 在设置前景颜色中选出需要的颜色，设置背景色中选出渐变的最浅颜色，鼠标长按油漆桶工具会出现渐变工具，点击渐变工具从深色的地方开始拉颜色。一样的方法做出需要的图、颜色，如图 2-37 所示。

步骤 15： 在图层中添加图层作为画阴影和高光图层。在前身效果图线稿图层中用魔法棒工具（W）选中要涂阴影或高光的部分，再点到阴影或高光的图层中，用画笔工具（B）画阴影、高光，如图 2-38 所示。

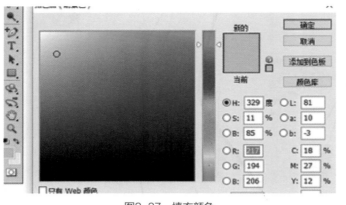

图2-37 填充颜色

步骤16： 在选中线稿图层，在图层最下方点击添加图层样式。点描边、调整像素，调出需要的效果，如图2-39所示。

步骤17： 描边、高光、阴影等部分完成，如图2-40所示。

步骤18： 根据比赛设计图板要求，将设计所用色系和设计的图案按照要求排版，作品完成后在文件的储存为中进行保存，如图2-41所示。

图2-38 完成前身填充颜色

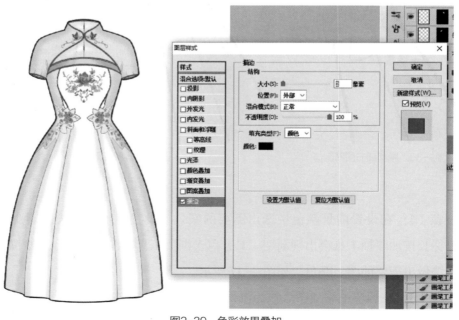

图2-39 色彩效果叠加

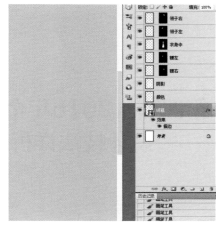

图2-40 高光、阴影完成

图2-41 排版图片

第四节　2016年全国职业院校技能大赛服装拓展设计技法详析——数码潮系列设计技法

一、案例（一）

1.案例解析

试题的设计元素是时尚领、袖结构，直身结构、褶裥造型、流动的线条，配图用的是英国设计师 Marry Katrantzo 品牌，线条流畅，花型饱满，色彩光线亮丽，充满动感图（图 2-42）。

设计思路：采用时尚交叉重叠领型结构，袖型设计在普通一片袖的基础上做了装饰褶裥设计，直身结构，与主题相符。色彩采用了试题上的蓝色作为主色调，黑白线条从

图2-42　数码潮系列设计技法案例（一）

肩部贯穿到下摆，富有韵律的条纹图案让服装变得生动，花卉图案的设计穿插在黑白条纹中，服装的立体感顿时产生，再加上菱形装饰的点缀，连衣裙的设计从造型和色彩的应用都符合试题的主题设计。

2. 操作步骤

步骤 1：视图显示标尺，从左上角空白处拉出中点，再按照图示拉出 xy 标尺线，如图 2-43 所示。

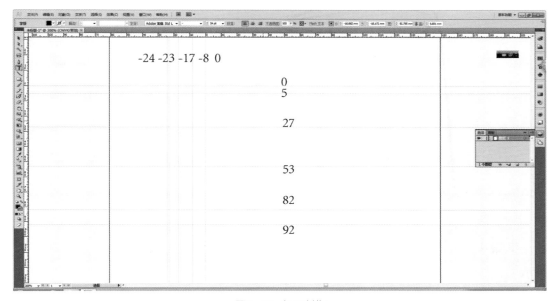

图2-43　标尺制作

步骤 2：绘制基本原型轮廓。工具栏选中钢笔工具，按照标尺画出基本原型轮廓标尺线，如图 2-44 所示。

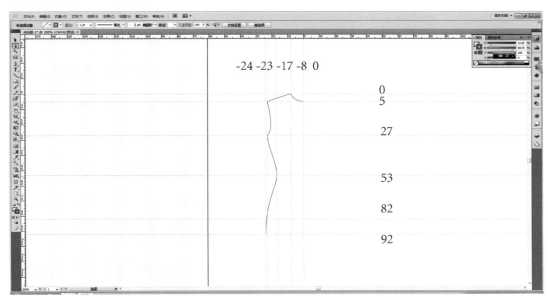

图2-44　基本原型制作

步骤 3：使用钢笔工具画出衣服领口部位，在上方工具栏选中【窗口】，【描边】调整绘制所有线条的线型，如图 2-45 所示。

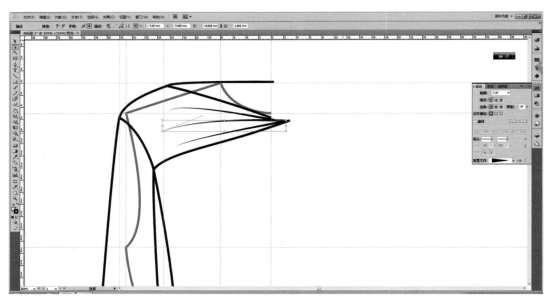

图2-45 绘制领口部位

步骤 4：用钢笔工具绘制袖子、底摆，用描边工具调整线条的线型，如图 2-46 所示。

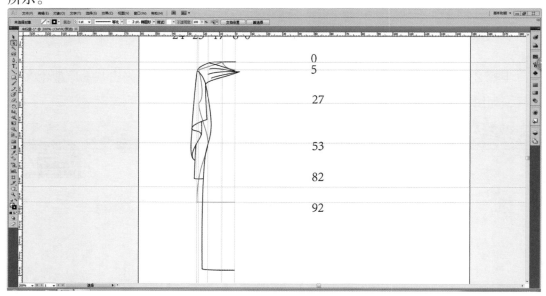

图2-46 绘制衣身、袖子轮廓

步骤 5：工具栏选中直接选择工具，选中整个衣服，按住【Alt】复制出另一半右键变换，对称，选择垂直如图调整位置，如图 2-47 所示。

步骤 6：工具栏选中直接选择工具，选中整个前片，复制出一个前片，单击右键，对称，选择垂直，如图 2-48 所示。

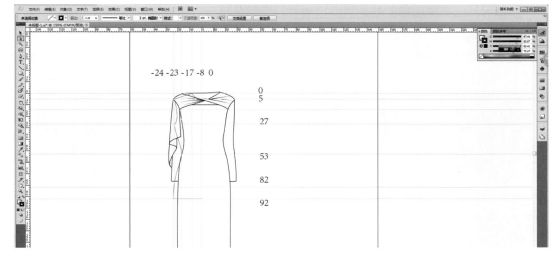

图2-47 完成大身轮廓

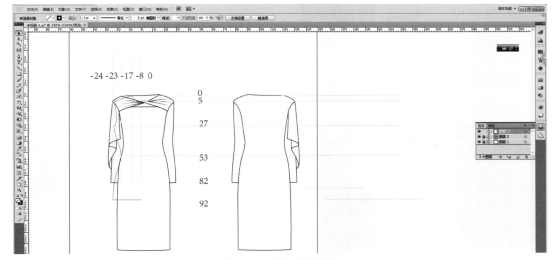

图2-48 制作后片轮廓

步骤7：打开 PS，在上方工具栏选中图像，画布大小改成图中画布数据，如图 2-49 所示。

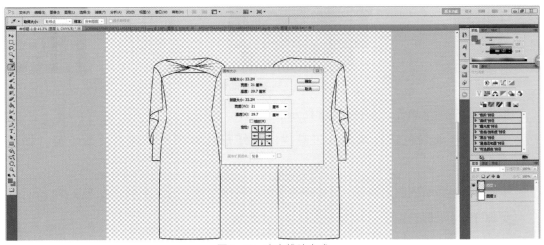

图2-49 衣身线稿完成

步骤 8：选择魔法棒工具选项，选中要填充颜色部分，填充绿色，如图 2-50 所示。

图2-50 填充上色

步骤 9：选择题库里面的图案复制进来，再用画笔工具把前景色改成深绿色填充，如图 2-51 所示。

图2-51 渐变效果制作

步骤 10：画笔填充，如图 2-52 所示。

步骤 11：前景色选择黑色，工具栏选择矩形选框工具，画出长条矩形，如图 2-53 所示。

步骤 12：粘贴到图层按住，【Ctrl+T】单击右键变形，调整形状，如图 2-54 所示。

步骤 13：矩形选框工具填充，如图 2-55 所示。

步骤 14：按住【Alt】复制出一个形状，【Ctrl+T】右键变形调整，如图 2-56 所示。

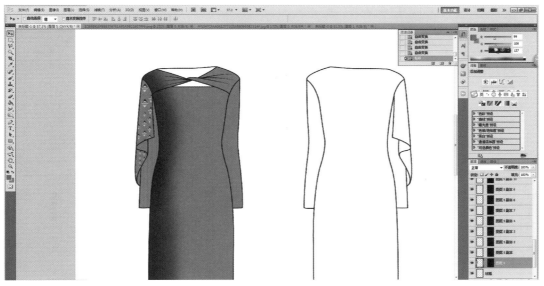

图2-52　图案填充

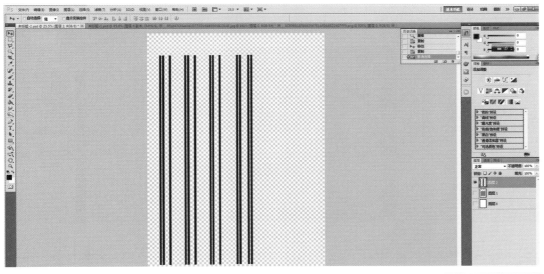

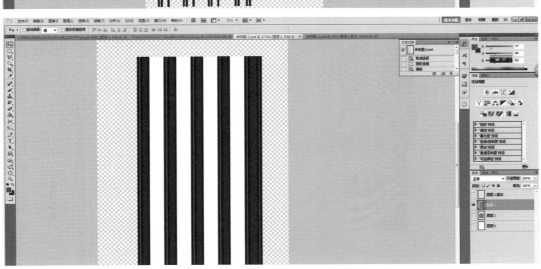

图2-53　线条图案制作

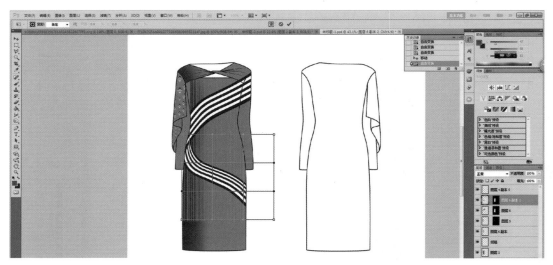

图2-54　调整形状

图2-55　线条图案填充

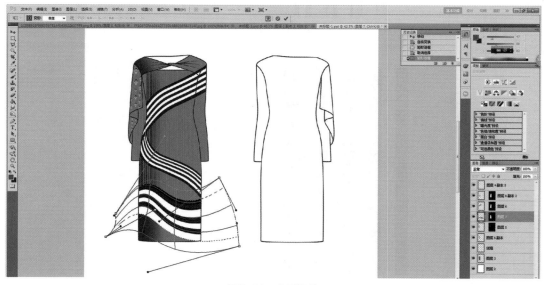

图2-56　变形调整

步骤 15： 复制题库图案，粘贴入图层，【Ctrl+T】调整大小，如图 2-57 所示。

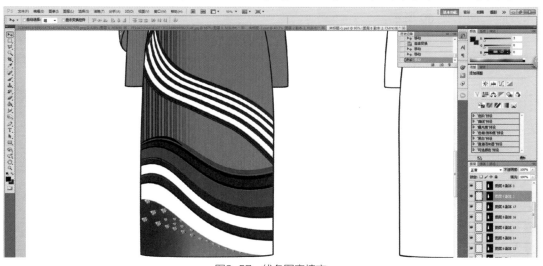

图2-57　线条图案填充

步骤 16： 如图 2-58 所示，工具栏选择【多边套索工具】，圈中一个如图形状的图案，油漆桶填充白色。复制多个组成花朵，前景色改成绿色，选中【画笔】，右键把画笔改成渐变，画出花心。

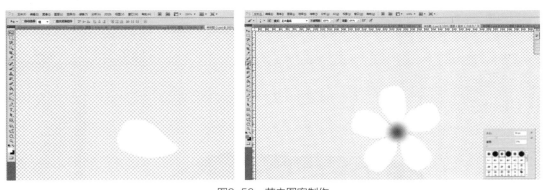

图2-58　花卉图案制作

步骤 17： 多边形套索圈出花茎形状填充，按住 Alt 复制出多个。直接选择工具选中做好的花朵，复制出一个花朵，上方工具栏选中图像调整，色相饱和度调整，做出另一朵颜色花朵，如图 2-59 所示。

图2-59　花卉图案复制

步骤 18：把做好的花朵粘贴进来，点击【Alt】复制多个，用【Ctrl+T】变化大小和方向，如图 2-60 所示。

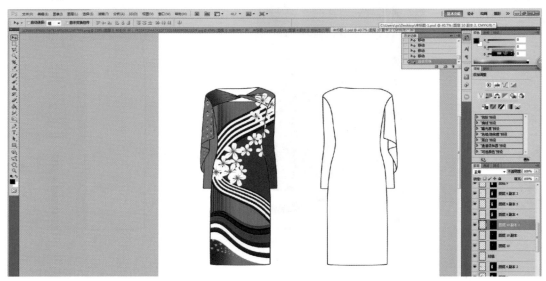

图2-60 花卉图案填充

步骤 19：魔法棒选中填充部分，油漆桶填充，如图 2-61 所示。

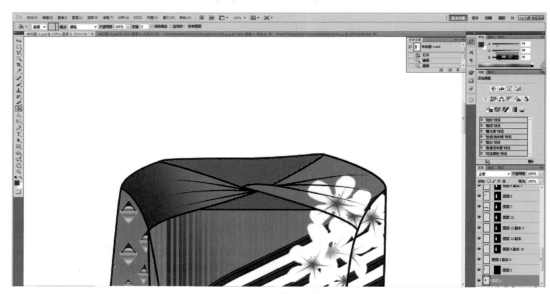

图2-61 后背阴影填充

步骤 20：选中后背部分，油漆桶填充，再用画笔工具覆盖一层深绿色，如图 2-62 所示。

步骤 21：复制左边曲线图，把绿色删掉填充白色，如图 2-63 所示。

步骤 22：魔法棒选中填充部分，进行填充，再添加高光阴影完成，如图 2-64 所示。

步骤 23：根据比赛版式，将设计所用色系和设计的图案按照要求排版，作品完成后在文件的储存为中进行保存，如图 2-65 所示。

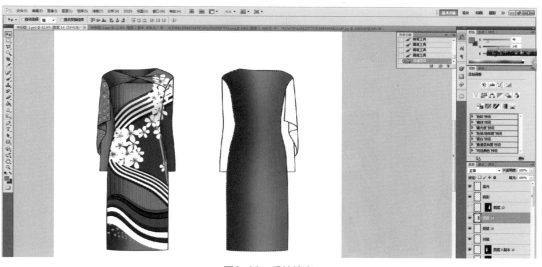

图2-62　后片填充

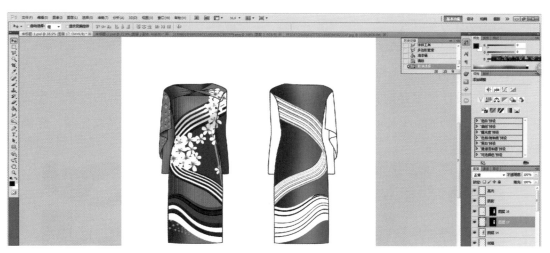

图2-63　后片图案填充

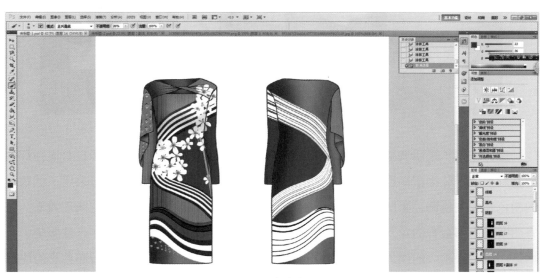

图2-64　添加高光阴影

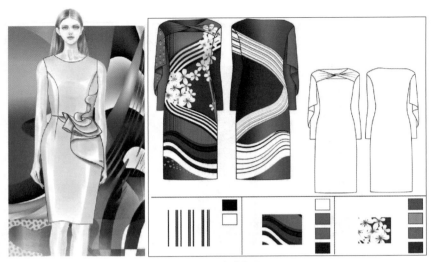

图2-65 完成作品

二、案例（二）

1. 案例解析

试题的设计元素是时尚领、袖结构，直身结构、褶裥造型、流动的线条，配图用的是英国设计师 Marry Katrantzo 品牌，线条流畅，花型饱满，色彩光线亮丽，充满动感，如图 2-66 所示。

图2-66 数码潮系列设计技法案例（二）

设计思路：采用大翻领领型设计，后片领型采用波浪结构，袖型设计在普通一片袖的基础上做了装饰褶裥设计，灯笼袖型，直身结构，与主题相符。色彩上采用了试题中的粉色作为主色调，黑白线条与彩色条纹交叉使用，形成独特的面料印花肌理效果，花卉图案采用郁金香的花卉图案，在众多线条中脱颖而出，点线面的设计在这款服装中灵活运用，后片领口的镶边波浪设计与前片遥相呼应，连衣裙的设计从造型和色彩的应用都符合试题的主题设计。

2. 操作步骤

步骤 1：在视图中显示标尺，再点击标尺左上角的白色方块向中间拉，至中间定住松开。标尺向下拉定点，如图 2-67 所示。

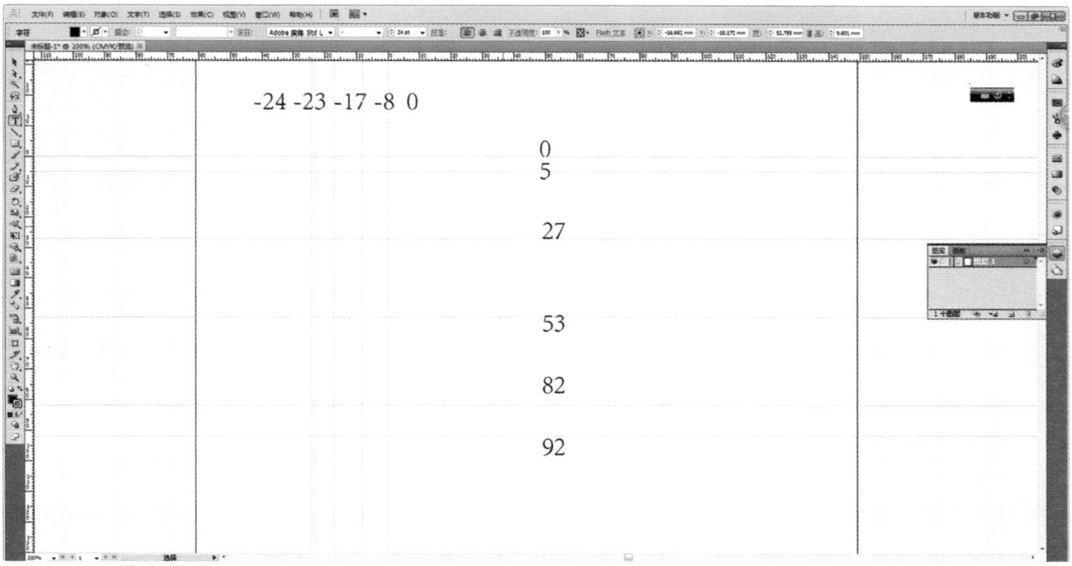

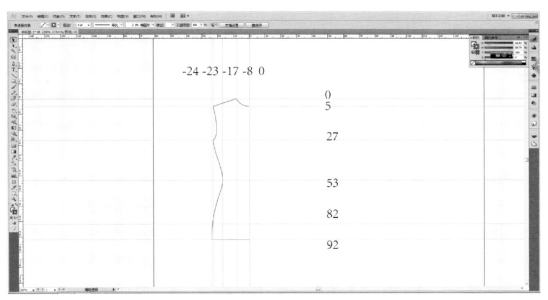

图2-67　制作标尺栏

步骤 2：用钢笔工具画出模型的一半。用钢笔工具中的添加描点工具把胸突画出来。用快捷键 A 调整臀围，如图 2-68 所示。

图2-68　基本人台绘制

步骤 3：用钢笔工具画出领子，如图 2-69 所示。

步骤 4：用钢笔工具调整衣长，如图 2-70 所示。

步骤 5：用钢笔工具画出袖子，如图 2-71 所示。

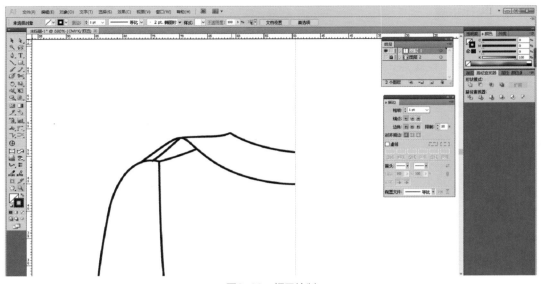

图2-69　领子绘制

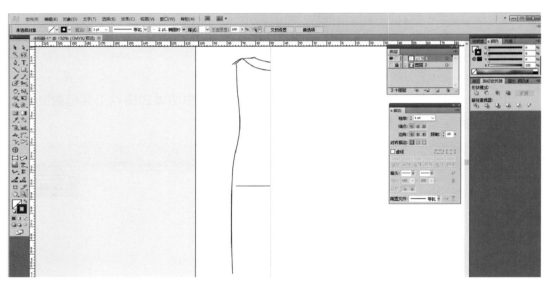

图2-70　调整衣长

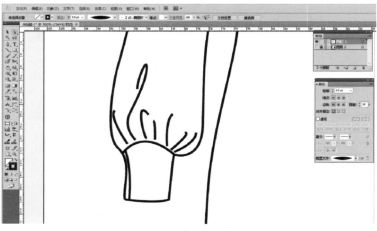

图2-71　袖口细节绘制

步骤6：用描边工具把笔调整到 0.5mm，用钢笔工具画出衣纹，如图 2-72 所示。

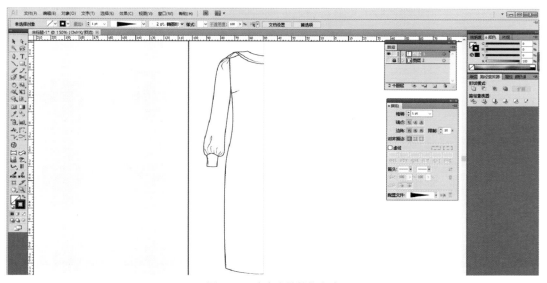

图2-72 半身衣片结构完成

步骤7：复制一个前片，调整成后片的样子，如图 2-73 所示。

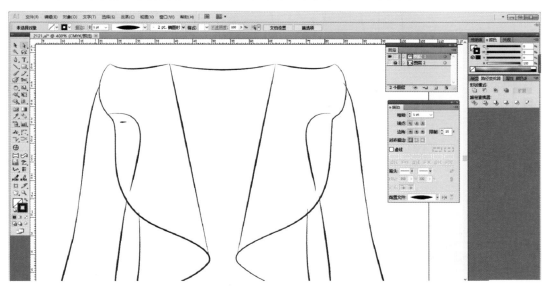

图2-73 后片领子描边

步骤8：把前片框选，右键变换对称，复制对齐，如图 2-74 所示。

步骤9：后片细化画出衣纹，如图 2-75 所示。

步骤10：用快捷键 A 调整花边，如图 2-76 所示。

步骤11：用钢笔工具画边，整体调整衣纹粗细，线稿完成，如图 2-77 所示。

步骤12：把裙子导入 PS 里，点图像，画布大小宽 21cm，高 29.7cm，如图 2-78 所示。

步骤13：用油漆桶工具填充画布为白色，如图 2-79 所示。

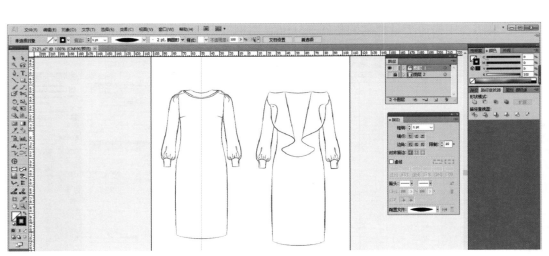

图2-74　完成前后片基本线稿

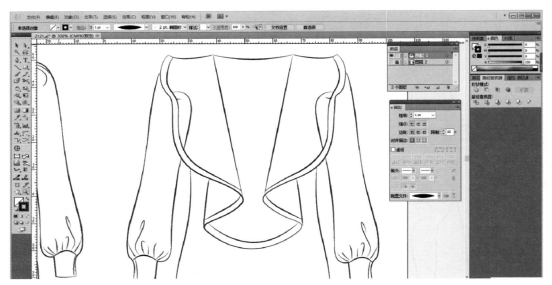

图2-75　后片细化

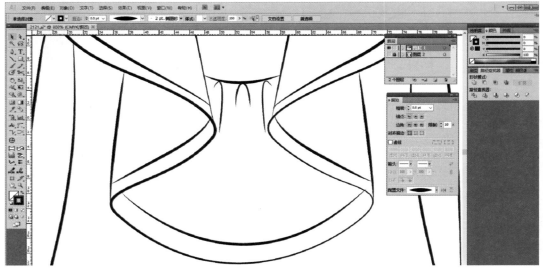

图2-76　调整花边

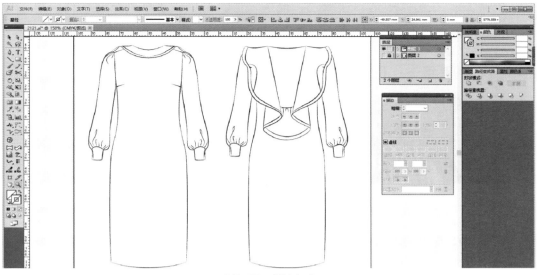

图2-77 线稿完成

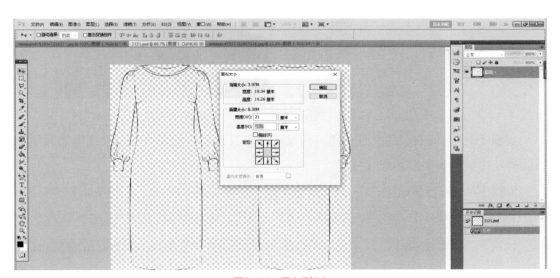

图2-78 导入到PS

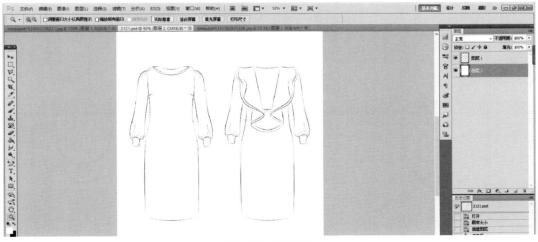

图2-79 填充颜色

步骤 14：在题库中选择块颜色，框选，【Ctrl+C+V】移到新建文件夹里，如图 2-80 所示。

图2-80 截选图案

步骤 15：用调整工具调整自己想要的形状，用橡皮擦工具擦顺，如图 2-81 所示。

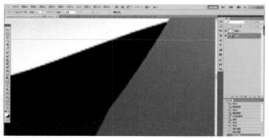

图2-81 绘制图案

步骤 16：返回衣服的文件夹里，用魔法棒工具选择衣服面料。用油漆桶工具填充衣服和花边颜色，如图 2-82 所示。

步骤 17：框选画好的图案，【Ctrl+C】复制，返回衣服的文件夹，用魔法棒工具选中袖子，【Ctrl+Shift+Alt+V】调整图案。长按【Alt】向下拉，复制一样的图案，如图 2-83 所示。

图2-82 填充衣身

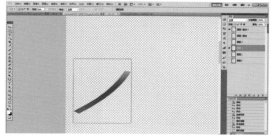

图2-83 条纹填充

步骤 18：框选画好的图案，【Ctrl+C】复制，返回衣服的文件夹中，用魔法棒工具选中衣片，【Ctrl+Shift+Alt+V】调整图案形状，如图 2-84 所示。

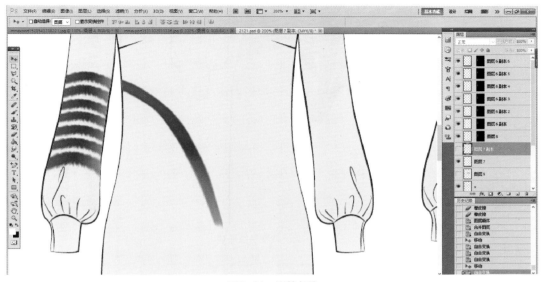

图2-84　调整条纹

步骤 19：长按【Alt】，向下拉，复制同样的图案，【Ctrl+T】调整图像形状，如图 2-85 所示。

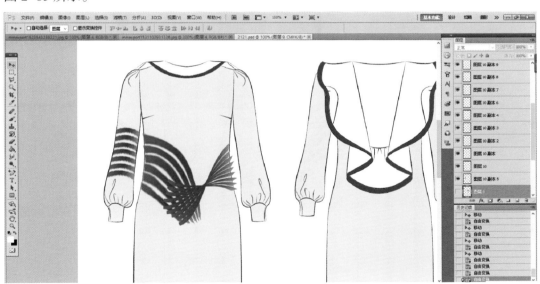

图2-85　条纹填充

步骤 20：复制粘贴，【Ctrl+T】调整图案形状，如图 2-86 所示。

步骤 21：复制一个同样的图案，【Ctrl+T】调整图案形状，如图 2-87 所示。

步骤 22：长按【Alt】，向下拉，复制同样的图案，【Ctrl+T】调整图案形状，紧挨上一个图案，如图 2-88 所示。

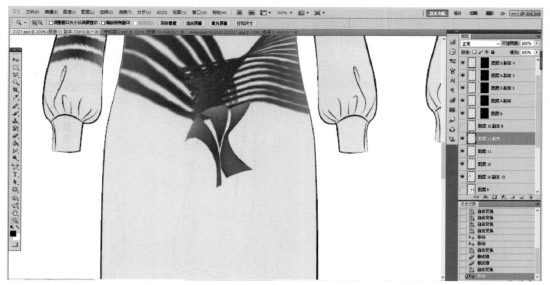

图2-86　调整条纹形状

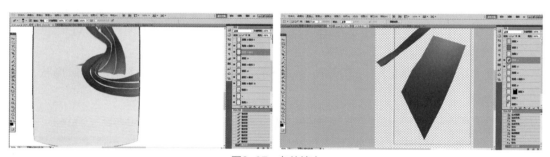

图2-87　条纹填充

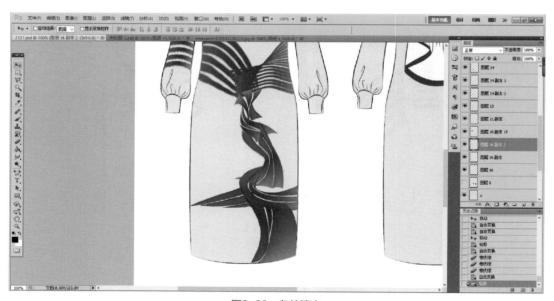

图2-88　条纹填充

　　步骤23：在题库中选择块颜色，框选，【Ctrl+C+V】移动到文件夹里，变形图案，如图2-89所示。

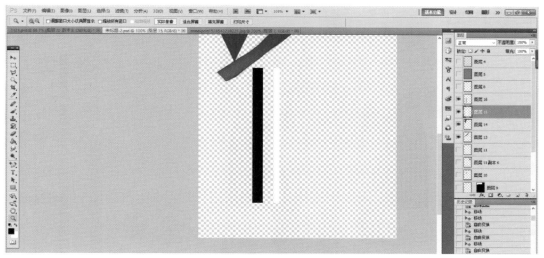

图2-89 变形图案

步骤24： 框选画好的图案，【Ctrl+C】，返回衣服的文件夹中，用魔法棒工具选中衣片，【Ctrl+Shift+Alt+V】，调整图案，长按【Alt】向下拉，复制同样的图案，【Ctrl+T】调整图案形状，紧挨上一个图案，如图2-90所示。

图2-90 条纹填充

步骤25： 图案复制到后片上，如图2-91所示。

步骤26： 在题库中选择块颜色，框选，【Ctrl+C+V】，移动到新建文件夹里，如图2-92所示。

步骤27： 用套索工具套出想要的图案，用橡皮擦工具擦出弧度，如图2-93所示。

步骤28： 复制一样的图案对称反转放在一起，如图2-94所示。

步骤29： 图像调整曲线变深或变浅，如图2-95所示。

步骤30： 把树叶变形，放在花的下面，如图2-96所示。

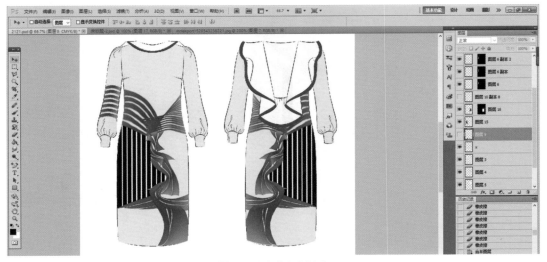

图2-91　条纹复制填充

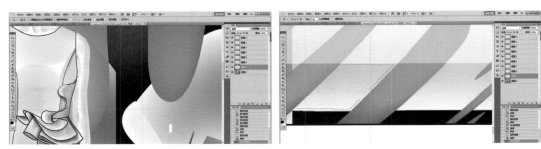

图2-92　颜色选择

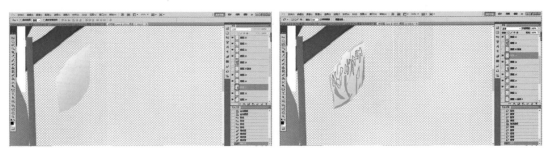

图2-93　花卉图案制作

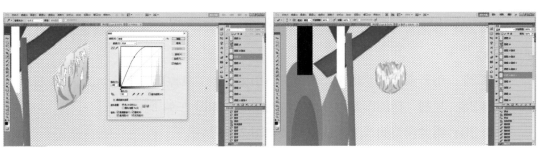

图2-94　花卉图案复制

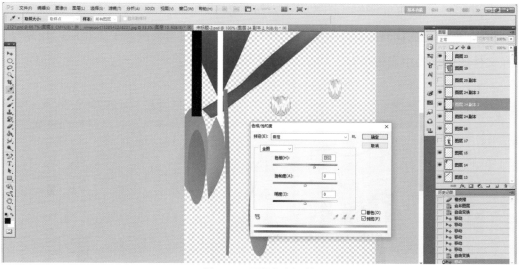

图2-95 图像颜色调整

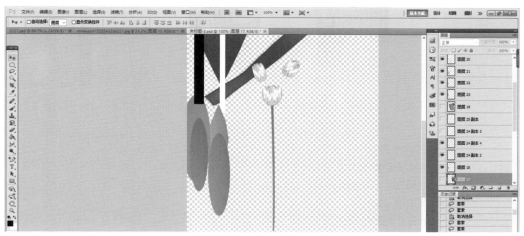

图2-96 树叶制作

步骤31： 把花纹复制粘贴到后片，如图 2-97 所示。

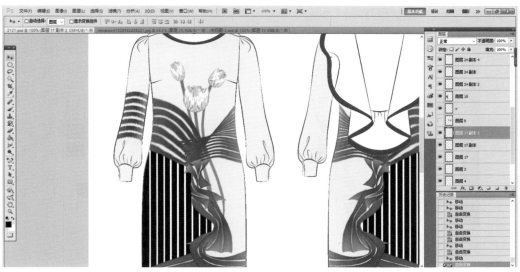

图2-97 花卉图案制作

步骤 32：加上高光阴影，图片完成，如图 2-98 所示。

步骤 33：根据比赛版式，将设计所用色系和设计的图案按照要求排版，作品完成后在文件的储存为中进行保存，如图 2-99 所示。

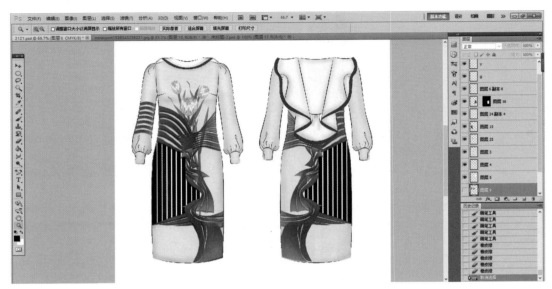

图2-98　高光、阴影

2017年全国职业院校技能大赛中职组"服装设计与工艺"赛项
（女时装电脑款式拓展设计）试题
拓展设计：连衣裙
数码潮Beta几何
具有立体效果的颜色变化
绚丽富有激情的色彩/
未来感印花和现代感图案
几何形态/动感/光线亮丽的彩色
富有韵律的条纹/
设计元素：褶裥造型/流动的线条
直身结构/时尚领、袖结构/

图2-99　完成作品

第五节　2017年全国职业院校技能大赛服装拓展设计技法详析——合意境系列设计技法

一、案例（一）

1. 案例解析

试题要求：直身结构、蕾丝元素、花鸟图案的连衣裙（图2-100）。

试题分析：试题中采用了传统屏风图案，古色古香的构图，图案肌理细腻，动物形象生动，花卉造型精致。款式设计采用直身结构，裙摆采用褶裥造型，衣身前后片均采用了花鸟图案，前后片做印花对花设计，肩部采用传统连袖设计。肩头采用花卉图案制

《2017年全国职业院校技能大赛中职组"服装设计与工艺"赛项实操试题库》
女时装电脑款式拓展设计参考题
拓展设计：连衣裙
设计元素：直身结构/蕾丝元素/花鸟图案
合·意境——典雅古风屏
细腻的图案肌理/古典饱和的色彩/精致的细节/古色古香的构图形式
生动的动物形象/精致的花卉造型

图2-100　合意境系列设计技法案例（一）

作团花图案设计，领口采用绳边结构，后片领子镶嵌蕾丝，色彩为清新的淡黄色。连衣裙的设计采用了众多中式元素和西方元素的结合碰撞，服装高雅得体，古典有韵致。

2. 操作步骤

步骤 1：先打开 Adobe Illustrator CS5 软件。点击新建选择 A4 纸张大小，在视图中找到标尺，点击显示，从左上角拉标尺选择中心点，根据横轴 Y（0，5，25，53，82，92）、纵轴 X（0，−8，−17，−23，−24），如图 2-101 所示。

步骤 2：用钢笔工具（P）从领子从领子开始画出，用快捷键 A 调整所有的描点和手柄，用加号添加节点，用减号删除节点。点击右鼠标点击变换，再点击对称，复制，如图 2-102 所示。

图2-101　制作标尺

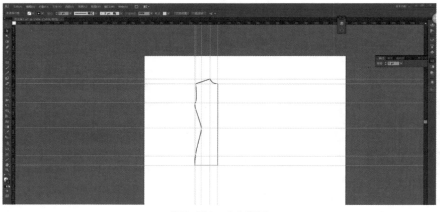

图2-102　人台绘制

步骤 3：从领子开始，画出大概轮廓，裙子的腰要比人体的腰高 2~3cm，如图 2-103 所示。

步骤 4：使用调整工具调整描点和手柄，线条使用手柄调流畅，用接着画出内部结构，在窗口中找出描边工具，在虚线前打勾，打出想要的间隙，如图 2-104 所示。

步骤 5：快捷键 V，全选图上的线条，点击右键，变换，点击对称，垂直，复制，挪出来，就可出现它的对称面，如图 2-105 所示。

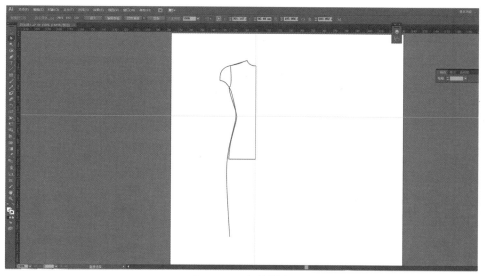

图2-103　钢笔描边

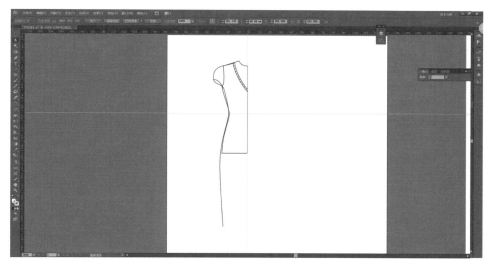

图2-104　绘制细节

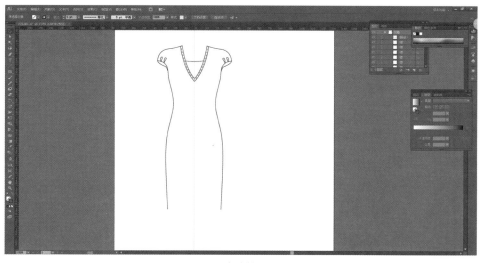

图2-105　完成基础前片线稿

步骤6：画出裙子上的褶，快捷键＋添加节点。使褶看起来不生硬，线条流畅优美，如图2-106所示。

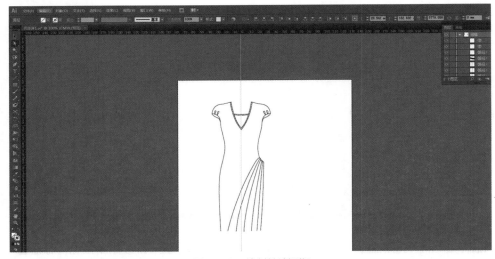

图2-106　绘制前片褶裥

步骤7：快捷键V，全选，点击右键，点击变换，对称，选择垂直，点击【复制】，挪出来，在这个图的基础上进行修改成背面，注意背部的前后关系，如图2-107所示。

图2-107　绘制后片

步骤8：选择需要改变的线，在描边配置文件根据自己的需求选择，在文件中的【储存为】中进行保存，如图2-108所示。

步骤9：先打开PS，新建图层，预设里选择"国际标准纸张"，点击【确定】。新建图层，在线稿图层里用魔法棒（W）选择想要填充的地方。再选择颜色图层，在左下角工具栏有调整颜色工具，双击颜色调换，快捷键（G）渐变工具，从上向下，按下鼠标不要松，这样就可达到渐变效果。图层双击可以改变名字，最好输入成简单明了的，如图2-109所示。

图2-108 前后片线稿绘制

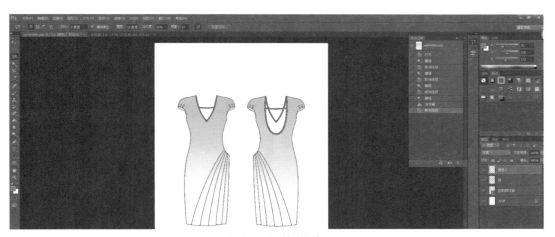

图2-109 填充颜色

步骤 10: 把题目图拉到 PS 新建页面里面,如图 2-110 所示。

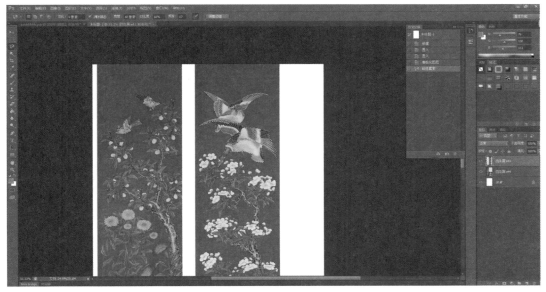

图2-110 选择适合图案

步骤11：选择所在图层，点击磁性套索工具，套索这只鸟，【Ctrl+C】复制，【Ctrl+V】粘贴，【Ctrl+T】变换，点击【变形】，把鸟变形成想要的样子，如图 2-111 所示。

步骤12：在题目里截出花卉图案，用魔法棒选择蓝色区域，用吸管工具吸出裙子颜色，用油漆桶工具填满，如图 2-112 所示。

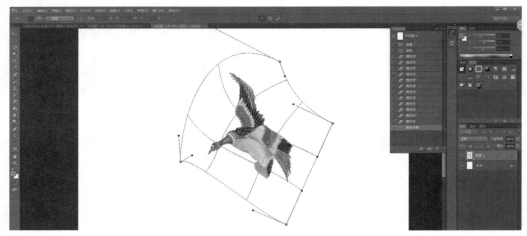

图2-111 调整花鸟图案

图2-112 选取花卉图案

步骤13：复制出要进行粘贴的图片，点到自己画的线稿文档，点到线稿图层，用魔法棒（W）点击要粘贴图片的地方，【Ctrl+Shift+Alt+V】进行复制，如图 2-113 所示。

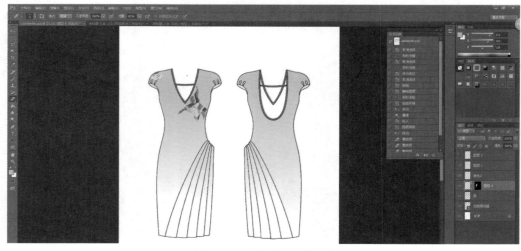

图2-113 图案放置合适位置

步骤 14：用魔法棒工具选择题目里的蓝色，使用渐变工具，附到线稿图层上面看一下大小，如图 2-114 所示。

图2-114　填充图案

步骤 15：复制出需要粘贴的图片，选择画的线稿图层，用魔法棒点击要粘贴图片的地方，按【Ctrl+Shift+Alt+V】进行复制，选择【Ctrl+T】，变形把枝叶调成更好的效果，如图 2-115 所示。

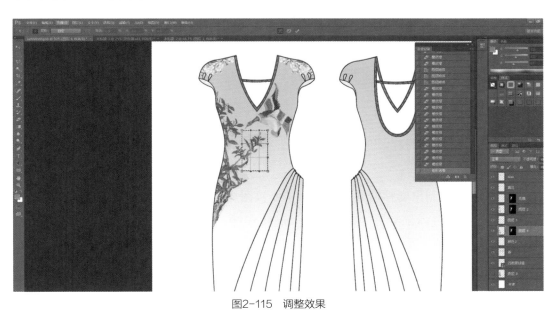

图2-115　调整效果

步骤 16：复制出要进行粘贴的图片，先点击【Ctrl+T】，按住【Shift】拖拉会按比例缩小或放大。先调整成所需的大小，点击线稿图层，用魔法棒（W）点击套要粘贴图片的地方，按【Ctrl+Shift+Alt+V】进行复制，如图 2-116 所示。

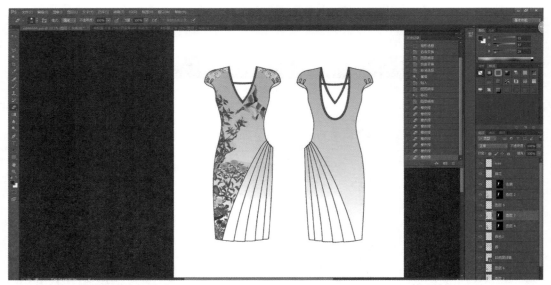

图2-116　整体比例调整

步骤17： 在图片中用多边形套索工具中间用橡皮擦空，达到镂空效果，如图 2-117 所示。

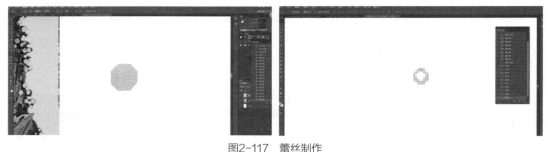

图2-117　蕾丝制作

步骤18： 选择所在图层，快捷键【Ctrl+C】复制，快捷键【Ctrl+V】粘贴，按住【Shift】，用鼠标一起拉起想要合并的图层，右键选择合并图层。重复多次此步骤，如图 2-118 所示。

步骤19： 复制出要粘贴的图片，点击线稿图层，用魔法棒点击想要粘贴图片的地方，按【Ctrl+Shift+Alt+V】，进行复制，如图 2-119 所示。

步骤20： 复制出要进行粘贴的图片，点到自己画的线稿图层，用【魔法棒】（W）点击要粘贴图片的地方，同时按【Ctrl+Shift+Alt+V】进行复制。同时按【Ctrl+T】，点击水平翻转。用吸管工具吸取裙子的颜色，用画笔工具画出蕾丝上面的花纹，添加新的图层，放到最上面，用拾色器点成黑色，点击画笔工具硬度调到10%～15%，不透明度调成 15%～20%，流量调成 20%～25%，画上阴影，再添加新的图层，拾色器点成白色，画上高光，如图 2-120 所示。

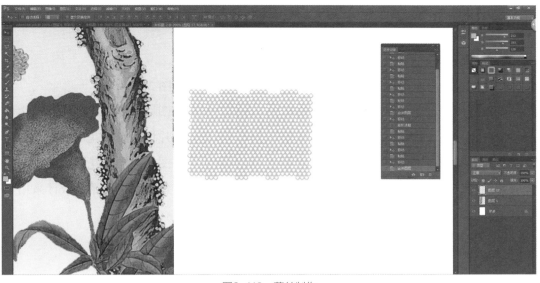

图2-118 蕾丝制作

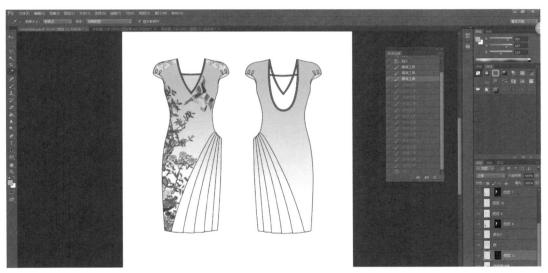

图2-119 蕾丝放置肩头部位

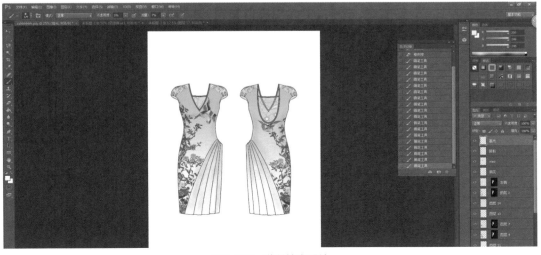

图2-120 蕾丝填充后片

二、案例（二）

1. 案例解析

试题要求：直身结构、蕾丝元素、花鸟图案的连衣裙（图 2-121）。

试题分析：试题中采用了传统屏风图案，古色古香的构图，图案肌理细腻，动物形象生动，花卉造型精致。款式设计采用直身结构，衣身前后片均采用了花鸟图案，前后片做印花对花设计，肩部采用传统连袖设计。肩头采用花卉图案制作团花图案设计，领口采用绲边结构，后片领子镶嵌蕾丝，色彩应用了明黄的宫廷色，连衣裙的设计采用了众多中式元素和西方元素的结合碰撞，服装高雅得体，古典有韵致。

图2-121 合意境系列设计技法2

2. 操作步骤

步骤 1：工具栏选中直接选择工具，框选整个人台按住【Alt】复制，右建变换，对称，选择垂直，调整位置，如图 2-122 所示。

步骤 2：工具栏选中直接选择工具，框选整个衣服半边，按住【Alt】复制，右建变换，对称，选择垂直如图调整位置，如图 2-123 所示。

步骤 3：工具栏选中钢笔工具，画出后面领条一半按住【Alt】复制，右建变换，对称，调整位置，如图 2-124 所示。

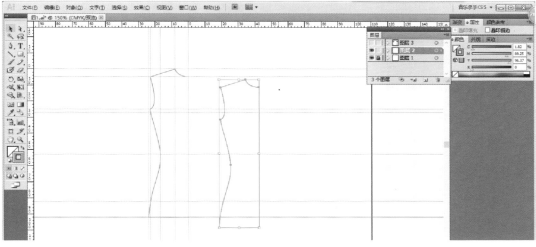

图2-122　基本原型绘制

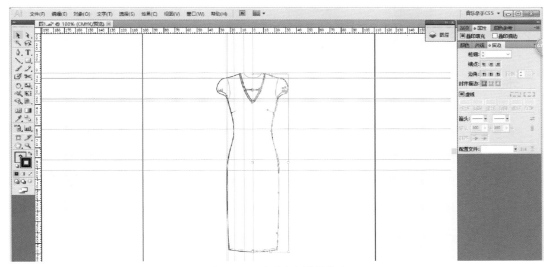

图2-123　完成衣身前片线稿

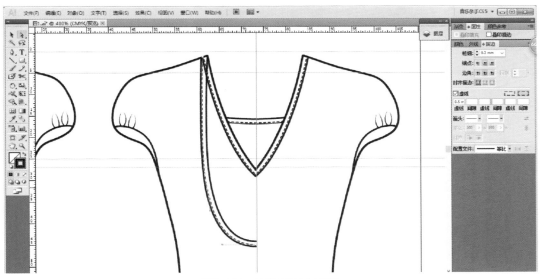

图2-124　绘制衣身后片领圈

步骤4： 调整线条形状，粗细，完成线稿，如图2-125所示。

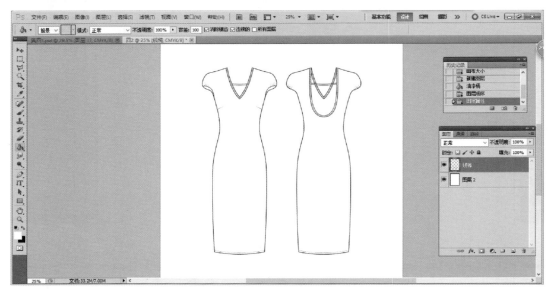

图2-125　完成衣身前后片绘制

步骤5： 打开PS，上方工具栏选中图像，画布大小改成图中画布数据，如图2-126所示。建立新图层，如图2-127所示。

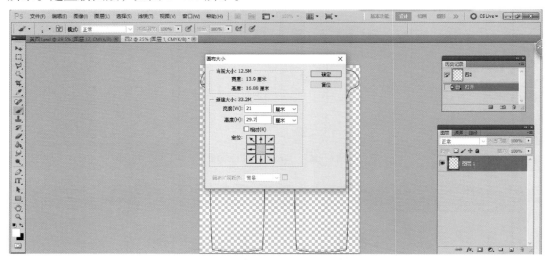

图2-126　载入PS中，调整画布大小

步骤6： 用魔法棒工具选中填充部分，油漆桶填充从题库中【Ctrl+C】复制，魔法棒选中要粘贴进去的地方，【Ctrl+Shift+Alt+V】贴入，如图2-128所示。

步骤7： 【Ctrl+T】变换大小，右键变形，调整到如图形状。工具栏选择橡皮擦工具，擦去多余的地方，如图2-129、图2-130所示。

步骤8： 贴入花朵，【Ctrl+T】适当变换大小，如图2-131、图2-132所示。

步骤9： 选中右边做好的图案，按住【Alt】复制出一个，擦去多余部分，如图2-133所示。

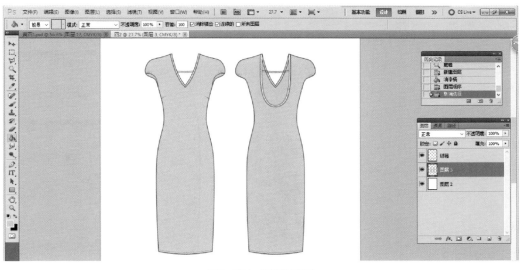

图2-127 建立新图层

图2-128 粘贴图案

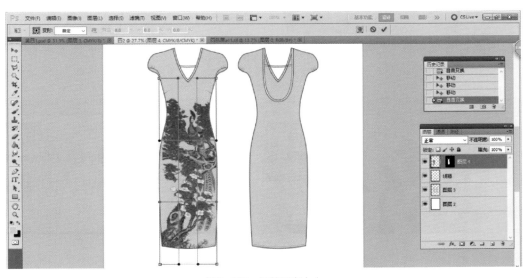

图2-129 调整图案大小

图2-130　调整图案在衣身的比例

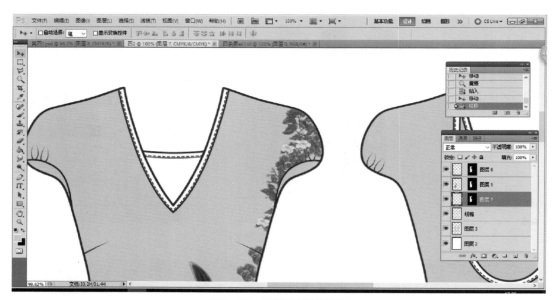

图2-131　复制图案粘贴袖部

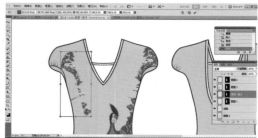

图2-132　调整图案位置

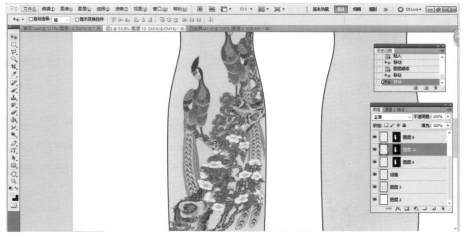

图2-133 粘贴孔雀图案进入画布

步骤10：用多边形套索工具，选住一只树杈，按住【Alt】复制出来，把孔雀粘贴进去，如图 2-134 所示。

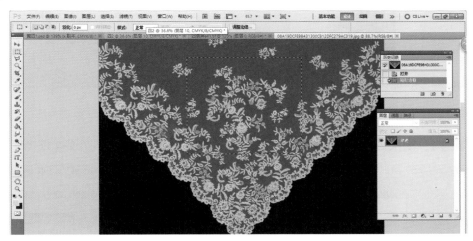

图2-134 载入蕾丝素材

步骤11：工具栏选择矩形选框工具，【Ctrl+C】复制，如图 2-135 所示。

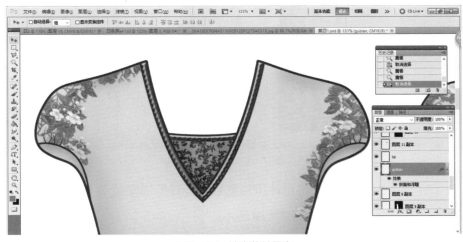

图2-135 填充蕾丝图案

步骤 12：将复制的图案粘贴到衣服里，前景色改成绿色，油漆桶填充领边，图层选框选择斜面与浮雕，调整立体度。

步骤 13：从题库中【Ctrl+C】复制小鸟，魔法棒选中要粘贴进去的地方，【Ctrl+Shift+Alt+V】贴入，如图 2-136 所示。

图2-136　基本完成衣身图案

步骤 14：魔法棒选中填充高光阴影部分，进行填充，完成，如图 2-137 所示。

图2-137　完成衣身立体效果

步骤 15：根据比赛版式，将设计所用色系和设计的图案按照要求排版，作品完成后在文件的储存为中进行保存如图 2-138 所示。

图2-138　根据版式排版款式效果图

第六节　2018年全国职业院校技能大赛服装拓展设计技法详析——繁花似锦系列设计技法

一、案例解析

试题的设计元素是宽松廓型、时尚领设计、分割结构、格子面料、印花和绣花工艺（图2-139）。

设计思路：采用宽松廓型斗篷结构，双排扣、斗篷插入到袖子的和衣身的拼接处。色彩上采用了试题上的山脉颜色作为参考色系，色彩饱满浓烈，符合试题要求的绚丽色彩的效果。面料采用了格子面料，加入了千鸟格作为格子面料的特殊肌理，在结构设计时候考虑到条纹的对条对格的工业生产实际需求。图案采用了试题提供的花卉图案，在其基础上改变了其肌理，做成了特殊的绣花效果。绣花主要放在斗篷的侧面和底摆，以山形图案方式填充，多样的花型产生丰富的色彩层次。

二、操作步骤

步骤1：在视图里面选择显示标尺，从左上角空白处拉出中点，再按照图2-140所示，拉出 XY 标尺线。

步骤2：工具栏选中钢笔工具，按照标尺画出人台轮廓，如图2-141所示。

步骤3：在工具栏中选择直接选择工具，选中画好的半个人台，按住 Alt 复制出另一半，右键变换，对称，选择垂直，调整位置如图2-142所示。

《2018年全国职业院校技能大赛中职组"服装设计与制作"赛项实操试题库》
女时装电脑款式拓展设计参考题

拓展设计：短款大衣

设计元素：大廓型/时尚领设
计/分割结构/格子面料/印花、
绣花工艺/

繁花似锦：

多样的花型/鲜艳、交错的绚
丽色彩/

具有装饰效果的格子面料/

不同的花型搭配出更多图案样
式产生丰富的色彩层次/

图2-139　繁花似锦系列设计技法

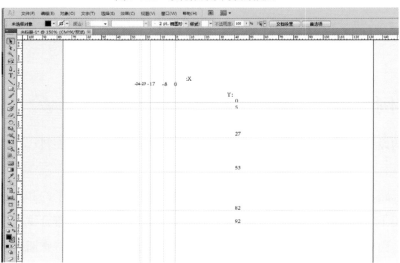

图2-140　标尺制作

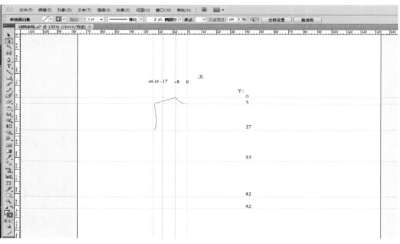

图2-141　基本原型制作

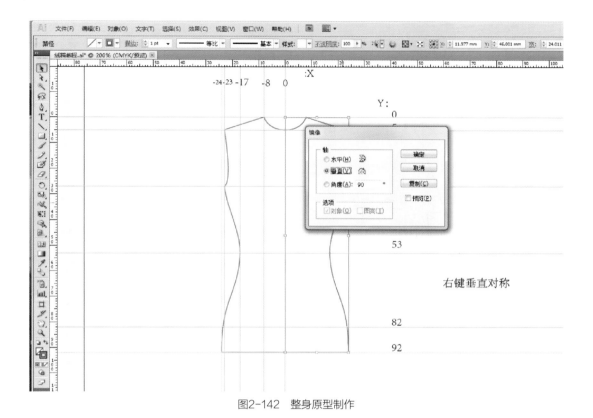

图2-142 整身原型制作

步骤4：在工具栏选中钢笔工具，画出袖口外形，右键可以加节点，再选中直接选择工具，可移动节点自由调整，如图2-143所示。

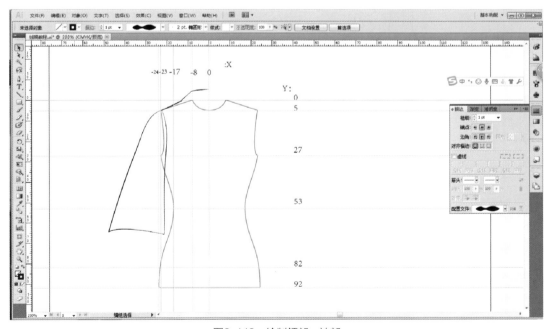

图2-143 绘制领部、袖部

步骤5：用钢笔工具画出底边、口袋和分割线，如图2-144所示。

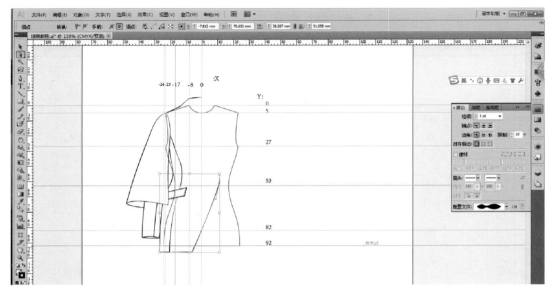

图2-144 绘制衣身细节

步骤6：用钢笔工具画出领口部分，在上方工具栏选中窗口，描边改变线条，如图 2-145 所示。

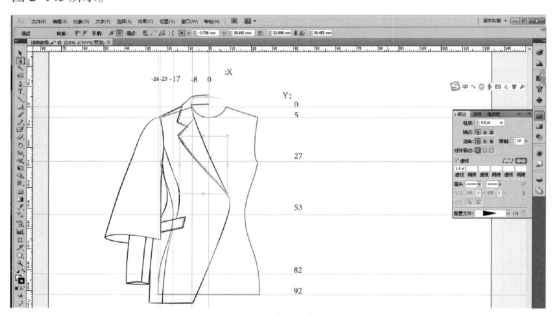

图2-145 绘制驳头细节

步骤7：在工具栏选中直接选择工具，选中整个衣服，按住【Alt】复制出一半，右键对称过来，如图 2-146 所示。

步骤8：用钢笔工具在多余线条位置添加节点，截断节点删除多余的线条，复制出背面线条，如图 2-147 所示。

步骤9：用钢笔工具画出背面款式，窗口选择描边可以改变线条形状，如图 2-148 所示。

图2-146 绘制衣身前片

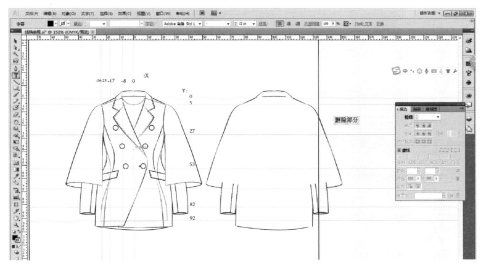

图2-147 绘制衣身后片

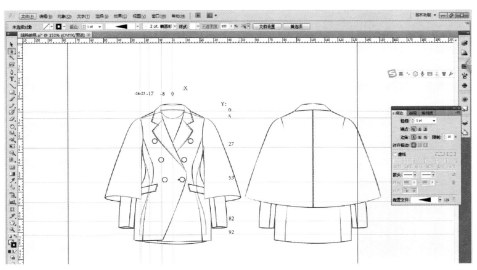

图2-148 基本完成衣身前、后片

步骤 10：新建一个 100mm×100mm 的文件，如图 2-149 所示。

步骤 11：建立参考线，如图 2-150 所示。

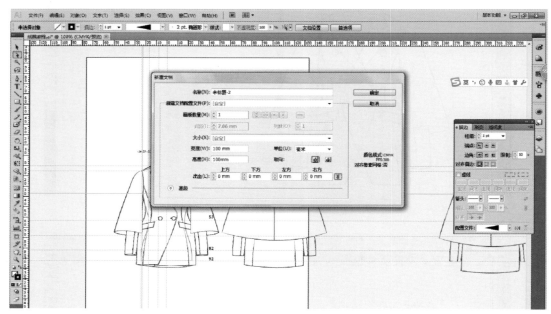

图2-149　新建画布大小

图2-150　标尺制作

步骤 12：蓝色前景色当底色填充，分别画出黄色白色橘色条子，白色透明度改成 50%，如图 2-151 所示。

图2-151　填充颜色

步骤 13：用直接选择工具，选中三条格子复制对称过来，如图 2-152 所示。

步骤 14：上下都按照同样方法复制，如图 2-153 所示。

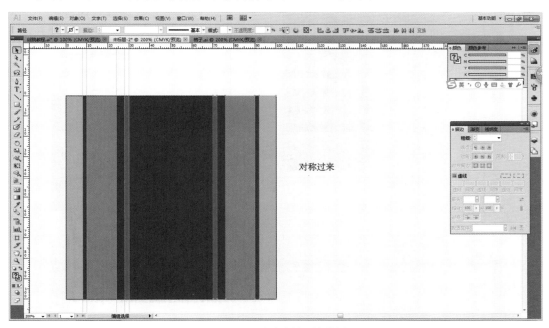

图2-152 完成小单元格绘制

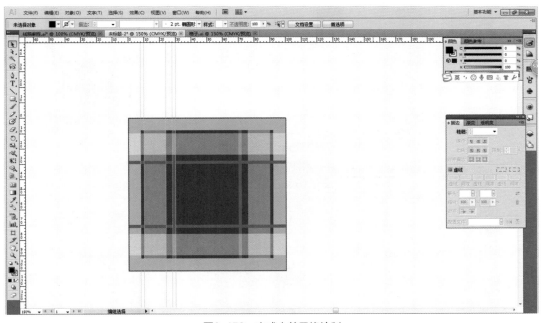

图2-153 完成大单元格绘制

步骤 15：复制出如图数量的格子拼成一个大格子，如图 2-154 所示。

步骤 16：用钢笔工具画出千鸟格形状，如图 2-155 所示。

步骤 17：选中千鸟格，改变大小，如图 2-156 所示。

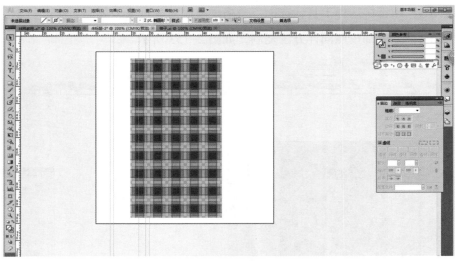

图2-154　完成格子图案制作

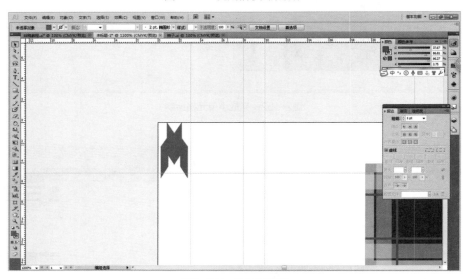

图2-155　千鸟格制作

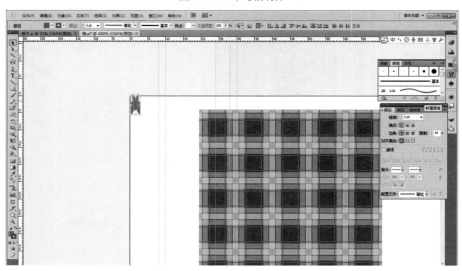

图2-156　千鸟格与格子图案同一画面

步骤 18： 点击左下角，选择散点画笔，如图 2-157 所示。

步骤 19： 用画笔工具把前景色关掉，画出一个正方形斜角虚无的线条，如图 2-158 所示。

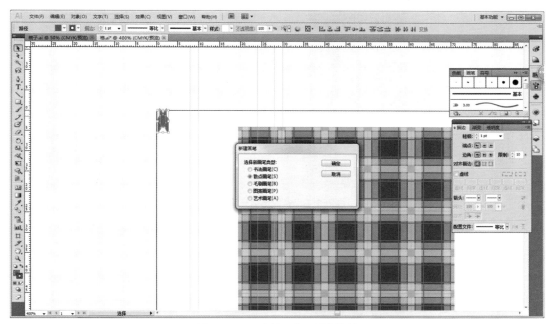

图2-157　千鸟格、格子图案绘制

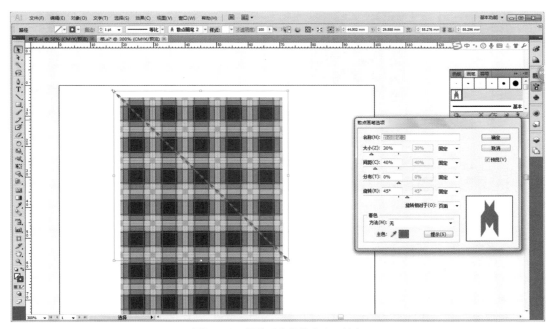

图2-158　调整千鸟格格大小、斜度

步骤 20： 点击画笔里面，使用上步骤存的千鸟格填充，如图 2-159 所示。

步骤 21： 把千鸟格拖出来，画出一个长方形，覆盖到千鸟格上，如图 2-160 所示。

步骤 22： 打开 PS，新建图层填充白色，再把线稿图层放在上面，如图 2-161 所示。

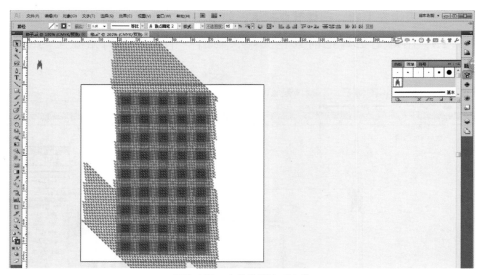

图2-159 条纹格填充千鸟格

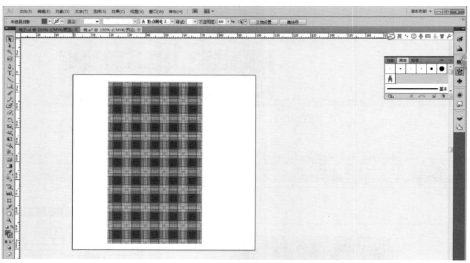

图2-160 完成条纹千鸟格图案

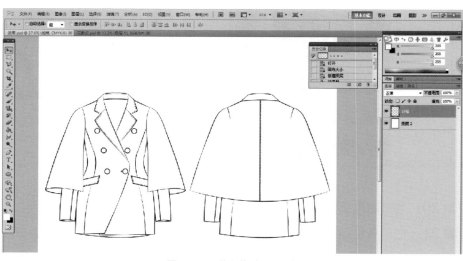

图2-161 载入线稿到PS中

步骤 23：【Ctrl+C】复制做好的格子，【Ctrl+Shift+Alt+V】粘贴，调整位置，如图 2-162 所示。

步骤 24：魔法棒选中填充颜色部分，填充橘色，如图 2-163 所示。

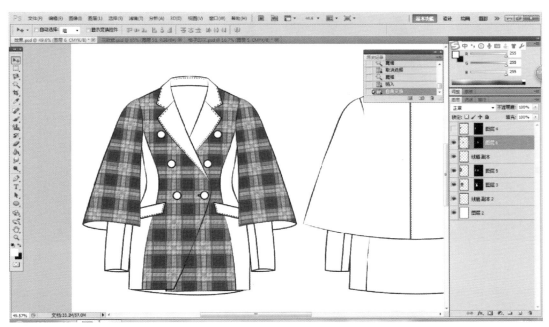

图2-162　填充图案

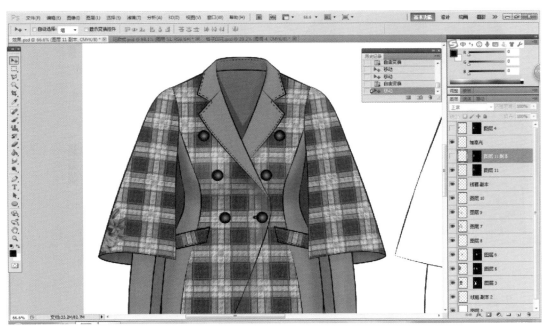

图2-163　填充颜色

步骤 25：使用画笔工具，选择画笔深一点的颜色填充阴影部分，如图 2-164 所示。

步骤 26：魔法棒选中扣子，先填充一层黑色，再叠加一层橘色，如图 2-165 所示。

图2-164 填充花卉图案

图2-165 填充扣子

步骤 27：粘贴做好的格子到背面，如图 2-166 所示。

步骤 28：使用画笔工具在底部画出橙色，如图 2-167 所示。

步骤 29：红色画笔覆盖一层，如图 2-168 所示。

步骤 30：完善高光阴影，完成，如图 2-169 所示。

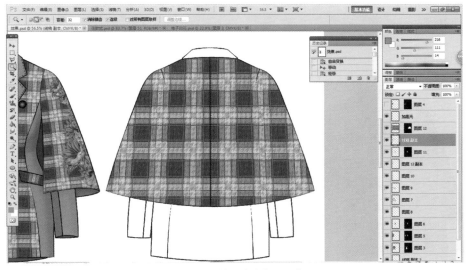

图2-166 填充衣身背面图案

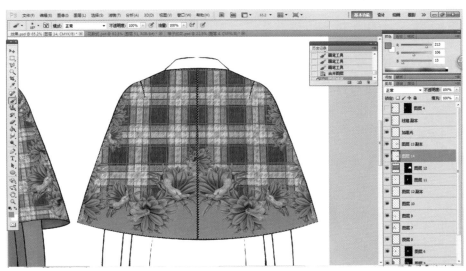

图2-167 填充花纹图案

图2-168 填充后片图案

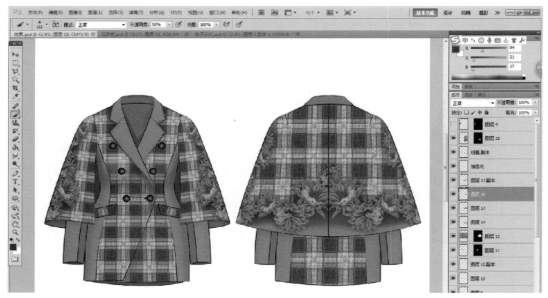

图2-169 完成前、后片立体效果

步骤 31：根据比赛版式，将设计所用色系和设计的图案按照要求排版，作品完成后在文件的储存为中进行保存，如图 2-170 所示。

图2-170 完成作品

第三章

2015~2018年技能大赛
优秀练习作品赏析

一、《2018年郑州市中等职业教育服装设计制作类拓展设计实操试题库》

《2018 年郑州市中等职业教育服装设计制作类拓展设计实操试题库》如图 3-1 所示。

创意设计主题：花卉艺术
另类奇妙的植物活力充沛；
青春洋溢的鲜亮配色；
超现实新奇植物更新夏季热门印花；
透过改变认知的滤镜审视花朵和热带植物。
拓展设计款式：连衣裙

图3-1　花卉艺术试题

《2018 年郑州市中等职业教育服装设计制作类女时装电脑款式拓展设计试卷》试题款式拓展如图 3-2、图 3-3 所示。

色块

印花

印花

图3-2　花卉艺术试题款式拓展（一）

《2018年郑州市中等职业教育服装设计制作类赛项实操女时装电脑款式拓展设计试卷》

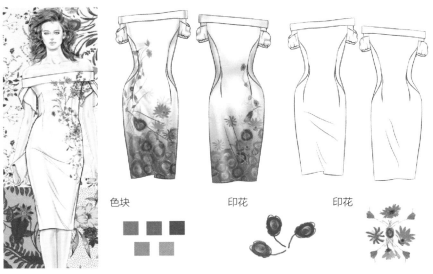

色块　　　　　印花　　　　　印花

图3-3　花卉艺术试题款式拓展（二）

二、《2015年全国职业院校技能大赛中职组"服装设计与制作"赛项实操试题库》

女时装电脑款式拓展设计参考题如图3-4所示。

青花瓷：古瓷尚青，窑器青为贵，青色是一种安定宁静的色调。书香门第、大户人家大多将青花瓷作为装饰品，是一种身份和地位的象征

设计元素：钟型廓型/圆袖/波浪摆/刺绣纹样/传统工艺

拓展设计：连衣裙

图3-4　青花瓷试题

《职业院校技能大赛中职组"服装设计与工艺"赛项实操》青花瓷试题款式拓展如图 3-5、图 3-6 所示。

图3-5　青花瓷试题款式拓展（一）

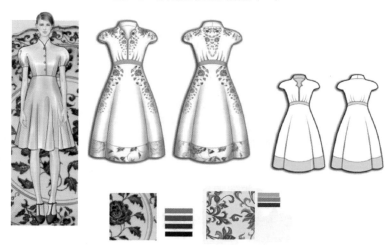

图3-6　青花瓷试题款式拓展（二）

三、《2015年全国职业院校技能大赛中职组"服装设计与制作"赛项实操试题库》

女时装电脑款式拓展设计参考题如图 3-7 所示。

近现代旗袍：东方女性体态美/华丽鲜艳，风格的老广告，摩登的旗袍美女是那个年代最时髦的女性形象，无穷魅力/古装都市的象征，折射着城市纸醉金迷的繁华和灯红酒绿的旖旎。

设计元素：刺绣/传统纹样与工艺

拓展设计：连衣裙

图3-7　近现代旗袍试题

近现代旗袍试题款式拓展如图 3-8~ 图 3-10 所示。

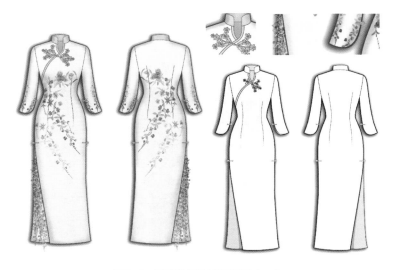

图3-8 近现代旗袍试题拓展（一）

图3-9 近现代旗袍试题拓展款（二）

图3-10 近现代旗袍试题拓展款（三）

四、《2016年全国职业院校技能大赛中职组"服装设计与制作"赛项实操试题库》

女时装电脑款式拓展设计参考题如图 3-11 所示。

拓展设计：连衣裙
纹章表情：趣味的表情符号/奇异的补丁与经典纹章刺绣/俏皮的符号排列/适合纹样/刺绣工艺
设计元素：分割/褶裥/A字造型/领、袖拓展

图3-11　纹章表情试题

纹章表情试题款式拓展如图 3-12、图 3-13 所示。

图3-12　纹章表情试题款式拓展（一）

图3-13　纹章表情试题款式拓展（二）

五、《2016年河南省职业院校技能大赛中职组"服装设计与制作"赛项实操试题库》

女时装电脑款式拓展设计参考题如图 3-14 所示。

拓展样式：连衣裙

海滩宝藏：冲到海滩的各种小动物成为重复图案的核心设计元素/温柔的海浪转化为绮丽的表面纹理和层次/不同大小的排列/深浅不同的蓝色、绿色/描绘了海边舒展的纹理和纹样

设计元素：中式风格/领、袖拓展/结构分割/直身造型

图3-14　海滩宝藏试题

海滩宝藏试题款式拓展如图 3-15～ 图 3-17 所示。

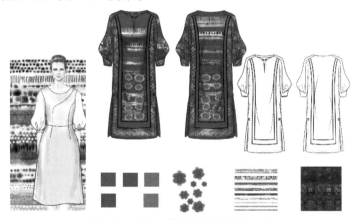

图3-15　海滩宝藏试题款式拓展（一）

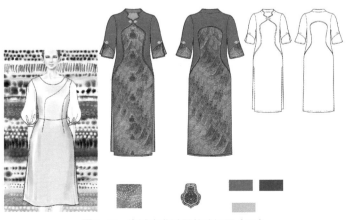

图3-16　海滩宝藏试题款式拓展（二）

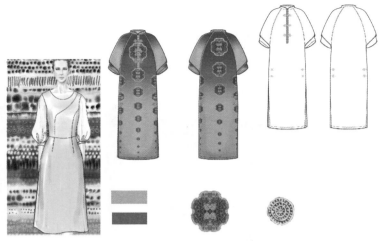

图3-17　海滩宝藏试题款式拓展（三）

六、《2015年河南省中等职业教育技能大赛"服装设计与制作"赛项实操试题库》

女士春秋时尚合体上衣电脑款式拓展设计参考题如图3-18所示。

基本要素在任何设计过程中都扮演重要角色设计基点/点、线、面的拓展延伸/均衡与反复/正负形的应用
设计元素：立领/双排扣/拉链/两片盖袖

图3-18　黑白条纹试题

黑白条纹试题款式拓展如图 3-19~ 图 3-22 所示。

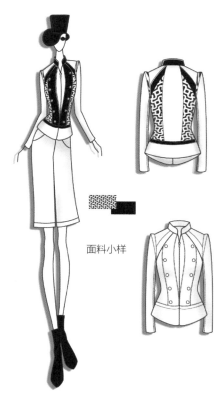

面料小样

图3-19 黑白条纹试题款式拓展（一）

女士春秋时尚合体上衣电脑款式拓展设计试卷

面料小样

图3-20 黑白条纹试题款式拓展（二）

女士春秋时尚合体上衣电脑款式拓展设计试卷

图3-21 黑白条纹试题款式拓展（三）

图3-22 黑白条纹试题款式拓展（四）

七、《2015年全国职业院校技能大赛中职组"服装设计与制作"赛项实操试题库》

女时装电脑款式拓展设计参考题如图3-23所示。

花卉迷朦：褪色的条纹穿过梦幻花卉有着柔和甜美的色彩随着印花韵律起伏，在清晰和模糊间摇摆花朵离得很远，像隔了层玻璃一般乳白色纹理让印花有了失真模糊的效果逼真造型搭配精致叠层。充满浪漫怀旧感

设计元素：驳领/弧线/褶裥/刀背缝

拓展设计：女上衣

图3-23　花卉迷朦试题

花卉迷朦试题款式拓展如图1-24、图1-25所示。

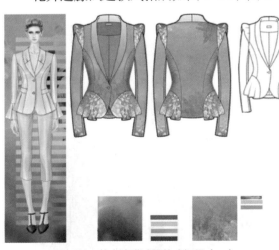

图3-24　花卉迷朦试题款式拓展（一）

女时装电脑款式拓展设计试卷

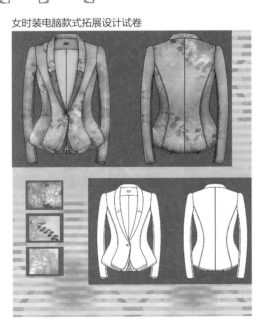

图3-25　花卉迷朦试题款式拓展（二）

八、《2015年全国职业院校技能大赛中职组"服装设计与制作"赛项实操试题库》

女时装电脑款式拓展设计参考题如图3-26所示。

重塑经典：洋裁造型得以进化/柔和
彩虹色瓦解经典主打设计/方格纹拼
接打造全新格纹/数码扭曲效果打造
可爱水晶格纹

设计元素：建立领/胸省巧用/外翻边

拓展设计：女上衣

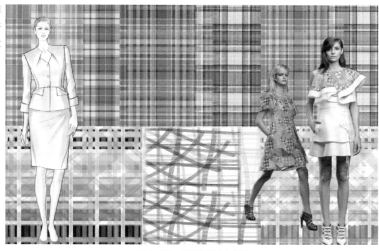

图3-26 重塑经典试题

重塑经典试题款式拓展如图3-27、图3-28所示。

根据设计要求本款通过门襟外
翻边制作出层层叠叠花朵般的
下摆，使板正的女西装设计充
满新意

女时装电脑款式拓展设计试卷

图3-27 重塑经典试题款式拓展（一）

女时装电脑款式拓展设计试卷

图3-28 重塑经典试题款式拓展（二）

九、《2016年河南省职业院校技能大赛中职组"服装设计与制作"赛项实操试题库——传承印花》

女时装电脑款式拓展设计参考题如图3-29所示。

拓展设计：长款女衬衫
传承印花：怀旧补丁织物变成印花图案/源于绗缝毛毯和旧时布料样本/散落的波西米亚印花互相冲突/民俗的色彩和陈旧的颜色/现代感的补丁效果/描绘了旧时代的民俗风情/
设计元素：衬衫领/造型袖/直身结构/分割/饰边/

图3-29　传承印花试题

传承印花试题款式拓展如图3-30~图3-32所示。

图3-30　传承印花试题款式拓展（一）

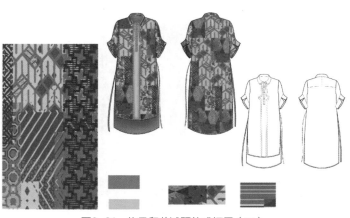

图3-31　传承印花试题款式拓展（二）

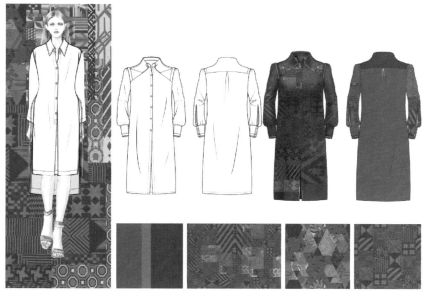

图3-32 传承印花试题款式拓展（三）

十、《2018年全国职业院校技能大赛中职组"服装设计与制作"赛项实操试题库——荷塘秋色》

女时装电脑款式拓展设计参考题如图3-33所示。

拓展设计：连衣裙
设计元素：X造型/时尚领、袖结构/波浪设计元素/分割结构/荷塘秋色摇曳的荷花纹样/古典饱和的色彩/精致的细节形象/生动的动物形象/精致的花卉造型/

图3-33 荷塘秋色试题

荷塘秋色试题款式拓展如图 3-34 所示。

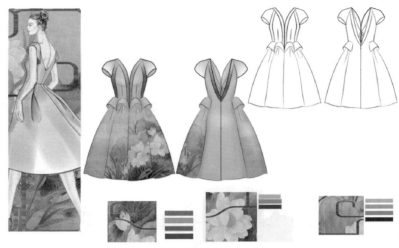

图3-34　荷塘秋色试题款式拓展

十一、《2018年全国职业院校技能大赛中职组"服装设计与制作"赛项实操试题库——丹宁艺术》

女时装电脑款式拓展设计参考题如图 3-35 所示。

拓展设计：连衣裙

设计元素：X造型/时尚领、袖/牛仔面料/印花、扎染、绣章工艺

丹宁艺术：牛仔面料肌理/漂亮的花卉及涂鸦图案/具有民族特色的扎染、绣花元素/牛仔面料处理洗水或磨白

图3-35　丹宁艺术试题

丹宁艺术试题款式拓展如图 3-36 所示。

图3-36　丹宁艺术试题款式拓展

十二、《2016年全国职业院校技能大赛中职组"服装设计与制作"赛项实操试题库——数码潮》

女时装电脑款式拓展设计参考题如图 3-37 所示。

拓展设计：连衣裙
数码潮Beta几何
富有韵律的条纹/具有立体效果
的颜色变化/绚丽富有激情的色
彩/未来感印花和现代感图案/几
何形态/动感/光线亮丽的彩色
设计元素：时尚领、袖结构/直
身结构/褶裥造型/流动的线条

图3-37　数码潮试题

数码潮试题款式拓展如图 3-38 所示。

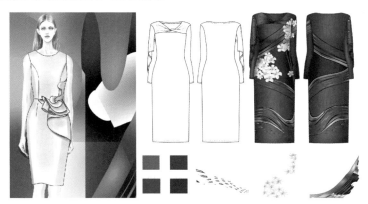

图3-38　数码潮试题款式拓展

十三、《2017年全国职业院校技能大赛中职组"服装设计与工艺"赛项实操试题库——奇幻植物》

女时装电脑款式拓展设计参考题如图 3-39 所示。

奇幻植物试题款式拓展如图 3-40、图 3-41 所示。

拓展设计：连衣裙

真·自我——奇幻植物：
不同叶片的形状/卷曲的形态/
/不同大小的排列/深浅不同的
色彩/富有肌理感的纹理/绚丽
的色彩

设计元素：领拓展/造型袖/结
构分割/合体造型/

图3-39　奇幻植物试题

图3-40　奇幻植物试题款式拓展（一）

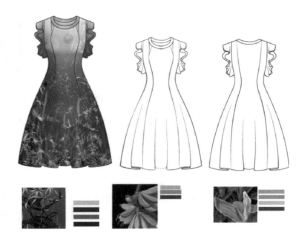

图3-41　奇幻植物试题款式拓展（二）

十四、《2017年全国职业院校技能大赛中职组"服装设计与工艺"赛项实操试题库——朦胧思绪》

女式春秋时尚合体上衣电脑款式拓展设计参考题如图 3-42 所示。

朦胧思绪：沾污而拉
伸的痕迹/拉扯效果
一片片明艳色彩被模
糊/褪色的条纹穿过
设计元素：弧线/两片
袖/刀背缝

图3-42 朦胧思绪试题

朦胧思绪试题款式拓展如图 3-43 所示。

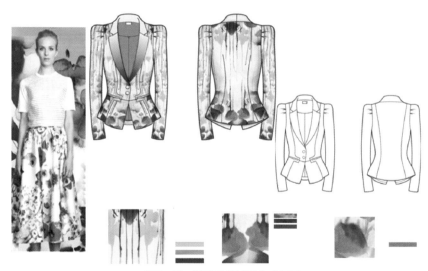

图3-43 朦胧思绪试题款式拓展

十五、《2017年全国职业院校技能大赛中职组"服装设计与工艺"赛项实操试题库——矿石纹理》

女时装电脑款式拓展设计参考题如图 3-44 所示。

矿石纹理试题款式拓展如图 3-45 所示。

拓展设计：女风衣

设计元素：分割/直身造型/纹理图案

矿石纹理：具有肌理效果的矿石纹路/斑驳纹理/沉浸于天然的色彩和自由的图案
中/描绘了大自然色彩的丰富和美妙

图3-44　矿石纹理试题

拓展设计：女大衣

设计元素：大衣领/分割/直身造型/

矿石纹理：具有肌理效果的矿石纹路/斑驳纹理/沉浸于天然的色彩和自由的图案
中/描绘了大自然色彩的丰富和美妙

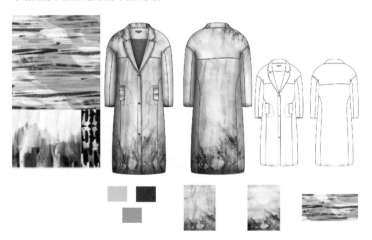

图3-45　矿石纹理试题款式拓展

附录1 赛项规程

2018年全国职业院校技能大赛赛项申报方案

一、赛项名称

（一）赛项名称

附图1-1 压题彩照

（二）压题彩照

（三）赛项归属产业类型

纺织服装

（四）赛项归属专业大类

归属专业大类：文化艺术大类

专业全称：服装设计与工艺

专业代码：142400

二、赛项申报专家组

（略）

三、赛项目的

通过竞赛检验和展示中等职业学校服装类专业教学改革成果和学生服装设计与工艺岗位通用技术和职业能力，引导和促进中等职业学校服装专业建设与教学改革，激发和调动行业、企业关注并参与服装专业教学改革，推动提升中等职业学校服装设计与工艺职业人才培养水平。

将大赛内涵提炼转化，把赛项考核的核心技能与核心知识融入服装专业课程教学改革项目中。弘扬"工匠精神"，培养学生敬业守信、精益求精、敢于创新的职业素养，使学生掌握服装中高端技术技能，成为支撑"中国制造"走向"优质制造""精品制造"的主力军。

四、赛项设计原则

（一）公开、公平、公正

科学合理设计竞赛内容，公开技术文件、竞赛试题或试卷、竞赛规则、竞赛环境、技术规范、技术平台、评分标准和方法等。各队参赛选手在同一平台、同等条件下公平竞赛。成绩评定在公开、公平、公正、独立、透明条件下进行，保证竞赛公正（详见十、评分标准制定原则、评分方法、评分细则）。

（二）赛项覆盖专业面广

赛项覆盖"服装设计与工艺"专业群（附表 1-1）：服装制作与生产管理、民族服装与服饰、服装展示与礼仪等专业。赛项关联服装职业岗位面广、人才需求量大、职业院校开设专业点多，具有广泛的覆盖面。

附表 1-1　中等职业学校《服装设计与工艺》

专业大类	专业代码	专业全称
文化艺术类	142400	服装设计与工艺
	143200	民族服装与服饰
	142500	服装展示与礼仪
轻纺食品类	070900	服装制作与生产管理

（三）竞赛内容对应职业岗位群核心技能

以服装企业工作岗位、典型工作任务和要求，围绕"服装设计与工艺"专业群所需成衣款式拓展设计、结构设计、立体裁剪、CAD 制板与推板、服装工艺制作等专业核心知识和技能，针对服装设计与服装工艺技术岗位群对应的知识、素质、技能设置竞赛内容。

（四）竞赛平台成熟通用

根据服装行业通用设备价格相对不高的特点，厉行节约原则，竞赛选择相对先进、通用性强、一般学校都具备的设备与软件。

五、赛项方案的特色与创新点

（一）人才培养与企业需求对接

赛项融技术与艺术为一体，以服装企业成衣设计、制板、裁剪、工艺制作等岗位需要的从业知识与核心技能为竞赛内容，实现人才培养与企业需求对接。

1. 竞赛内容

竞赛内容对应职业岗位群核心技能，涵盖服装电脑款式拓展设计、纸样设计与立体造型、成衣 CAD 板型制作、裁剪与样衣试制、理论知识内容。结合中职服装设计与工艺专业群课程的性质和特点，以企业工作过程、工作任务的形式设置比赛内容，重点考查选手的实际动手能力、规范操作水平、创新创意水平，检验参赛选手的综合职业能力。选手要设计出有代表性和可操作性的典型工作任务作为赛项方案。

技能大赛的 **"结构"** 以工作任务的方式，将专业知识与技能的传授融入训练中，知识的内化深入到赛后的教学中。

"内容" 与企业生产和教学相结合，考点明确，难点适宜，循序渐进，逐步提高。

2. 以赛促改、赛教结合

比赛项目和专业知识与实践技能有机融合，形成以项目为导向、以任务为驱动的比赛方式，形成以培养工作能力为核心的教学、比赛、实训为一体的创新模式。竞赛内容定位要清晰，具有针对性与适用性（附图 1-2）。

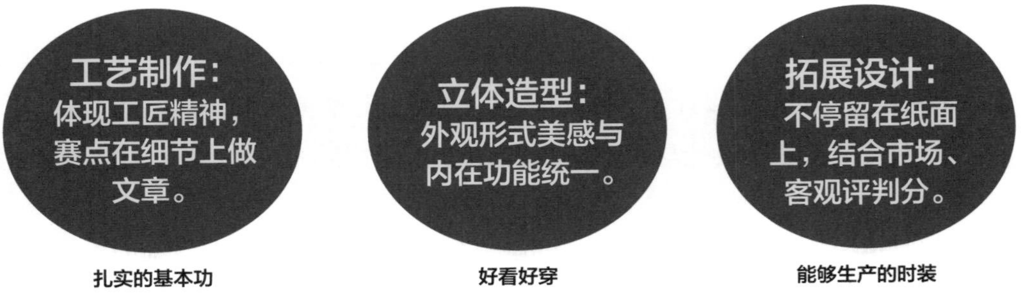

附图1-2　竞赛内容及要求

（二）竞赛过程安排

1. 竞赛观摩

为了进一步增强职业教育吸引力，宣传职业教育的地位和作用，展示职业教育发展成果，形成全社会关心、重视和支持职业教育的良好氛围，提高职业院校技能大赛的观赏性，赛项设有观众参与和体验环节，凸显竞赛的开放性。

2. 观摩体验

（1）邀请承办地境内外友好城市和赛点学校的学生、教师前来观摩比赛。

（2）邀请行业权威和企业专家以及企业员工代表到现场体验比赛。

（3）比赛现场合理安装摄像头，实况转播竞赛的全过程，供领导、嘉宾、企业员工代表、领队、教练在休息室收看。

（4）开放承办学校赛场以外有关实训场所，演示服装多媒体虚拟仿真系统，展示综合实训课程的教学资源，让参观者体会职业教育实训条件、设备的升级和信息化教学改革趋势。

3. 竞赛视频

本赛项竞赛过程中摄录的全程实况视频在得到组委会同意后可全部公开（包括赛项的接站报到过程、开闭幕式、相关活动以及竞赛实录等），赛后对优秀竞赛选手、优秀指导教师进行采访、采访企业人士，安排裁判、专家对竞赛点评，并制作视频。所有视频资料为竞赛宣传、仲裁、资源转化提供全面的信息资讯。

4. 交流互动

组织学生观看比赛场地以外的有关新技术、新设备现场操作演示，参观者可以在工作人员的帮助下体验观摩。

（1）邀请企业技师现场展示特色服饰制作技巧。

（2）邀请企业在赛点相关场所展示新技术、新设备。

（3）邀请服装企业专家在实训中心现场作相关讲座。

（三）竞赛结果评判

按照竞赛规程，本赛项裁判组由现场裁判、评分裁判、加密裁判分别执裁。裁判组成员在裁判长的带领下，各裁判独立评分，同时在监督员的监督下，经过三次加密，分别针对赛项的各个环节技能的特征，采用定性和定量相结合的评分方式，采取分步得分、累计总分的计分方式，分别计算各子项得分。最终选手的成绩要去掉一个最高分和一个最低分后，按平均值计算得分。

按照竞赛规程，各模块比赛成绩经专人复核，最终成绩由裁判长和监督员和仲裁人员审核签字后，方可公布竞赛全部结果。保证比赛结果公平、公正、公开。

（四）竞赛资源转化

为参赛队组织赛场教学交流互动，带动欠发达地区服装教学改革与专业发展。

（1）赛后设置作品静态展示区，组织教师、选手观摩参观，促进参赛队及选手之间交流学习。

（2）组织参赛队参观比赛、参观服装企业。邀请企业技师现场展示特色服饰制作技巧，邀请知名服装企业在赛点相关场所进行品牌服装陈列与展示。

（3）采集编辑赛场影像资料，例如：专家点评、专家示范演示、优秀选手赛程回顾等，制作大赛交流材料，促进比赛资源转化。

六、竞赛内容简介

本届大赛根据中等职业学校教育教学特点和教育部颁布的职业学校服装设计与工艺专业教学指导方案的基本要求，努力提高全国中职服装设计与工艺专业群师生的职业素质和技能水平，积极推进服装专业建设和人才培养模式的改革，展示服装专业学生积极向上、奋发进取的精神风采和熟练的职业技能，同时结合行业人才选拔标准，制定大赛规程、实施方案。坚持公开、公平、公正的原则设置竞赛各个环节。

中职组"服装设计与工艺"赛项内容包括：模块一：女式时装电脑款式拓展设计；模块二：纸样设计与立体造型；模块三：女式成衣 CAD 板型制作、推板；模块四：裁剪与样衣试制。

竞赛在各省市层层选拔的基础上，由各省推选的参赛选手，以团队为单位，采取封闭比赛的形式竞赛。

举办中职组"服装设计与工艺"赛项，将赛项考核的核心技能与核心知识融入服装专业课程教学改革项目中，能够有力推动中职学校服装类专业建设和课程改革；有助于学校实施素质教育，进一步弘扬"工匠精神"，培养学生精益求精的职业素养，使学生熟练掌握服装专业技术与技能，提高学生分析和解决实际问题的能力；有利于促进学生就业、学历层次提升和可持续发展。

七、竞赛方式

（一）团队参赛形式

比赛采取团队比赛方式，以省、自治区、直辖市、计划单列市及新疆建设兵团为单位组队，各省报名不超过三个团队，每个团队不超过两名选手，且两名选手出自同一所学校。

（二）团队比赛内容

每团队两名选手都要参加理论知识考核，其中一名选手完成模块一女式时装电脑款式拓展设计和模块二纸样设计与立体造型比赛内容；另一名选手完成模块三女式成衣CAD 板型制作、推板和模块四裁剪与样衣试制比赛内容。总分占比分别是：模块一和模块二成绩占 45%；模块三和模块四成绩占 50%；理论知识成绩占 5%，合计总分 100 分。

2018 年，暂时不邀请国际团队参赛，欢迎国际团队到场观赛。

（三）报名资格

（1）参赛选手须为 2018 年度全日制在籍中等职业学校（职业高中、普通中专、技工学校、成人中专）学生；五年制高职学生报名参赛，一至三年级（含三年级）学生可参加中职组比赛。

（2）参赛选手年龄不超过 21 周岁（当年），即 1997 年 7 月 1 日后出生。

（3）凡参加往届技能比赛并获得一等奖的选手禁止参加 2018 年赛项的比赛。

（4）指导教师为本校教师，所派指导教师数最多不得超过选手人数，且学生和指导教师的对应关系一旦确定不能随意改变。

（5）不符合报名资格的学生不得参赛，一经发现即取消参赛资格，退回已经获得的有关荣誉和奖品，并予以通报。

八、竞赛时间安排与流程

（一）参赛流程

1. 理论知识测试参赛流程（附图1-3）

附图1-3　理论知识测试参赛流程

2. 现场技能操作参赛流程（附图1-4）

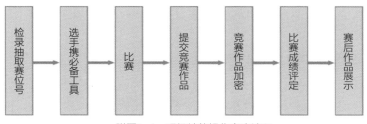

附图1-4　现场技能操作参赛流程

（二）赛项时间流程（附表1-2）

附表 1-2　赛项时间流程表

日　期	时　间	内　容	地　点
第一天	中午 11：00 前	各代表队报到	酒 店
	14：30-15：30	大赛开幕式	报告厅
	15：40-18：00	分组赛场抽签及领队会议	报告厅
	16：00-18：00	参赛选手抽取一次参赛加密号并熟悉赛场	赛 场
	19：00-20：00	休息、用餐	餐 厅
第二天 模块一 模块二	7：00	参赛选手集合上车	酒 店
	7：20-7：50	分组赛场检录（按赛位号入位）	赛场入口
	8：00-13：50	纸样设计与立体造型模块	—
	10：00-11：30	观摩区开放	—
	12：00-12：30	休息、用餐	—
	14：00-14：50	理论素养模块比赛	—
	14：50-17：20	电脑款式拓展设计模块	—
	17：20-18：20	竞赛作品痕迹清理、加密（2 次）	—
	18：20-23：00	比赛成绩评定	—

日 期	时 间	内 容	地 点
第二天 模块三 模块四	7：00	参赛选手集合上车	酒 店
	7：20-7：50	分组赛场检录、加密（1次）	赛场入口
	8：00-10：40	CAD样板制作与推板模块	—
	11：30前	参赛选手提交CAD结果	—
	10：40-11：30	理论素养模块比赛	—
	11：40-12：10	休息、用餐	—
	12：10-17：20	裁剪配伍与样衣试制模块	—
	17：20-18：20	竞赛作品痕迹清理、加密（2次）	—
	14：30-16：00	观摩区开放	—
	18：20-23：00	比赛成绩评定	—
第三天	8：00-10：00	成绩统计复查	—
	10：00-11：30	闭幕式	报告厅
	14：30	返程	—

注 适当调整以竞赛日程为准。

（三）竞赛时间分配（附表1-3）

附表1-3 竞赛时间分配表

序号	竞赛内容		配分（%）	时间（分钟）	备注
1	理论考试，机考评分		5%	50分钟	比赛当天完成，两名选手取平均成绩。
	小计		5%	50分钟	
2	模块一	女式时装电脑拓展设计	15%	150分钟	比赛当天完成
	模块二	纸样设计与立体造型	30%	320分钟	
	小计		45%	470分钟	
3	模块三	女式成衣CAD样板制作	20%	160分钟	
	模块四	推板、裁剪与样衣试制	30%	320分钟	
	小计		50%	480分钟	
合 计			100%	—	—

九、竞赛试题

（一）赛题基本要求

本赛项为公开赛题的竞赛，由专家组统一命制《2018年全国职业院校技能大赛实操试题库》，至少于开赛1个月前发布在大赛网络信息发布平台上（www.chinaskills-jsw.org)，包括题型、结构、考点以及使用面料等内容。赛题编制遵从公开、公平、公正的原则。

（二）赛题命题原则

（1）技能大赛命题题型和命题范围的依据是正式公布的赛项竞赛规程，分为理论命题和实操命题两部分，其中技能操作题库每个模块 10 个试题，理论题库共 500 个试题。

（2）命题方向和命题难度以教育部颁发的职业院校相关标准和国家、服装行业相应工种职业标准为依据，结合中等职业学校技能人才培养要求、职业岗位需要以及企业生产实际，适当增加新知识、新技术、新技能等相关内容。

（3）题量与技能大赛的实际需要相适应，知识点、技能点分布合理，难度和广度适度，创意型赛题分值不超过总成绩的 10%。

（4）赛题测试学生运用专业知识、专业技能分析问题、解决问题的能力，以及独立工作、综合设计和团队协作能力，重点考核职业技能和职业素养。

（5）赛题编制规范，措辞严谨明确，避免产生歧义。评分标准明确细致，可操作性强，体现竞赛考核导向。

（6）赛卷明示总分、赛题明示分值。

（7）在赛前举行领队说明会，对竞赛题型、结构、考点、评分、注意事项等进行说明和答疑。

十、评分标准制定原则、评分方法、评分细则

参照《2017 年全国职业院校技能大赛成绩管理办法》的相关要求，根据申报赛项自身的特点，评分裁判负责对参赛选手的技能展示、操作规范和竞赛作品等按赛项评分标准进行评定。

（一）评分标准制定原则

比赛根据中等职业学校教育教学特点，以技能考核为主，组织专家制定竞赛规程、实施方案与各项评分细则，组织服装教育教学专家与企业专家进行评审，并本着"公平、公正、公开、科学、规范"的原则，通过创新设计、规范制作等形式，对服装款式、结构、加工工艺、缝制品质等多方面进行综合评价，以相关职业工种技能标准为依据，最终按总评分得分高低，确定奖项归属。

（二）评分方法

（1）采取分步得分、累计总分的计分方式，分别计算各子项得分。按规定比例计入总分。

（2）各竞赛内容总分均按照百分制计分，计算分数时保留小数点后两位。

（3）比赛时间段，参赛选手不得扰乱赛场秩序、干扰裁判和监考人员正常工作，如有，裁判扣减该专项相应分数，情节严重的取消比赛资格，该专项成绩为 0 分。

（4）参赛选手不得在比赛作品上标注含有本参赛队信息的记号，如有发现，取消奖项评比资格，该专项成绩为 0 分。

（三）评分细则

赛项裁判组由现场裁判、评分裁判、加密裁判分别执裁。裁判组成员在裁判长的组织下，同时在监督员的监督下，经过三次加密，针对赛项的各个环节技能的特征，每个模块分别由三名以上裁判独立评分，采用定性和定量相结合的评分方式客观评分。最终选手的成绩要去掉一个最高分和一个最低分后，按平均值计算得分，计算分数时保留小数点后两位。

（1）在纸样设计、样板制作、推板、规格等工艺方面采用客观评价方法，严格按照国家标准和行业标准的规定。客观评分由三名以上评分裁判独立评分，取平均分作为该参赛选手的最后得分。

（2）在外观、视觉美感等方面的评价，采用主观评分的方法，裁判组集体先将作品整体大排列、细调整、渐变排列，初步定出成绩排序，再根据评分细节要求，客观精确评分。应至少由 9 名评分裁判独立评分，主观评分以去掉一个最高分和一个最低分后，其余得分的算术平均值作为参赛选手的最后得分。

（3）裁判长在竞赛结束 18 小时内提交赛位号评分结果，经复核无误，由裁判长、监督组长和仲裁组长签字确认后公布。

（四）成绩管理

贯彻落实全国职业院校技能大赛公开、公平、公正的原则，促进成绩管理的规范化和科学化，竞赛成绩管理办法如下：

（1）参与赛项成绩管理的组织机构包括检录组、裁判组、监督组和仲裁组等。

（2）检录组负责对参赛选手进行点名登记、身份核对等工作。检录工作由赛项承办院校工作人员承担。

（3）裁判组实行"裁判长负责制"，设裁判长 1 名，全面负责赛项的裁判与管理工作。

（4）裁判根据比赛需要分为加密裁判、现场裁判和评分裁判，具体见《2017 年全国职业院校技能大赛裁判工作管理办法》。

（5）监督组负责对裁判组的工作进行全程监督，并对竞赛成绩抽检复核。

（6）仲裁组负责接受由参赛队领队提出的对裁判结果的书面申诉，组织复议并及时反馈复议结果。

（五）成绩管理基本流程（附图1-5）

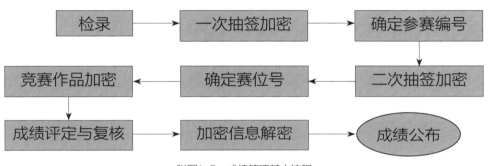

附图1-5　成绩管理基本流程

十一、奖项设置

大赛设团队奖和优秀指导教师奖

（1）团队奖：每个团队二名选手，一等奖占比 10%，二等奖占比 20%，三等奖占比 30%（计算分数时保留小数点后两位）。

（2）指导教师奖：每个团队二名指导教师，获得一等奖的参赛选手指导教师由大赛执委会颁发优秀指导教师证书。

十二、技术规范

按要求定时公开本赛项比赛内容涉及技术规范的全部信息，包括相关的知识与技能、基础技术与要求、操作规程与要求、生产工艺与标准等。

（一）比赛技术要求

1.服装设计

（1）能够按款式要求，正确绘制平面款式图，掌握绘制服装效果图的方法与技巧。

（2）掌握基本的服装色彩组合搭配，具有服装色彩的分析能力。

（3）能根据面料的风格特性、面料质感进行服装款式的设计，掌握纹样在服装设计中的应用。

（4）掌握服装比例、内结构、外轮廓设计的方法；掌握服装局部的类型、特点及变化设计。

（5）掌握用立体裁剪与平面裁剪结合的方法进行样板制作。

（6）能够根据样板要求熟练掌握样衣假缝的技能。

2. 服装工艺

（1）能在规定的时间内运用服装 CAD 系统进行结构设计、样板制作、推板；能正确处理款式的各部件之间的结构关系；合理配伍各裁片的缝份、样板属性、纱向、对刀等记号标示合理；能根据号型尺寸要求推板，合理分配档差，掌握不同号型的推板方法。

（2）能独立完成成衣的裁剪、配伍、缝制、熨烫工艺，并符合质量要求。

（二）服装技术标准

技术标准的基本内容参照国标、国内行业、职业对应的技能标准。规格系列，参照 GB1335 - 2000。

十三、建议使用的比赛器材、技术平台和场地要求

竞赛技术平台标准参考服装企业设计工作室基础技术与要求、服装企业 CAD 工作室操作规格与要求、服装生产工艺与板房标准制定。竞赛采用通用技术平台，提供合格产品。厉行节约，比赛用主要设备和辅助设备以及专用软件均与上届全国技能大赛已使用的设备基本相同。可根据竞赛需要适度增添。

（一）赛项技术平台（附表1-4）

附表 1-4　赛项技术平台

序号	设备及软件	型号及说明
1	场地	通风、透光、照明好，适合开放式观摩体验
2	电源	配备双线路供电系统和漏电保护装置
3	空调	配备空调系统，确保环境温度适宜

序号	设备及软件	型号及说明
4	监控	配备实况监控视频转播系统
5	竞赛电脑	Win7 操作系统，基本配置：内存 ≥ 8G、硬盘最小 500G、独立显卡、CPU(酷睿 I5 以上)（220 台）
6	电脑辅助设备	光电鼠标
7	在线考试系统	用于理论考试
8	标准立裁人台	教学用立裁模特 165/84A（220 个）
9	蒸汽熨斗	220 把

（二）竞赛区域设备及耗材（附表1-5）

附表 1-5 竞赛区域设备及耗材

区域	模块	设备及材料	型号及说明
一	纸样设计与立体造型模块	理实一体化实训台	SPLS-02 （120~160）cm×85cm（110 张）
		打板纸	牛皮纸 110cm×80cm（110 张）
		触控数位板	Pro PTH-660 中号
		硫酸纸	2m 或 3 张（110 份）
		数码相机	用于立体裁剪结束后拍摄作品的前、侧、后三个角度
		坯布	2m（110 份）
		立体造型用面料	面料 2~2.5m（110 份）
		立体造型用辅料	垫肩、袖棉条、（110 份）
		复写纸	80 克 A4（3 张 ×110 份）
		激光打印纸	80 克 A3（2 张 ×110 份）
		缝纫用具	透明胶、标记带、划粉、缝制线、手缝针、大头针等（110 份）
		选手须自备	剪刀、锥子、尺等用具
	电脑拓展设计模块	平面设计软件	CORELDRAW Graphics Suite X4、Illustrator CS5、Photoshop CS5
		激光打印机	M750（2 台）
		彩色激光打印纸	120 克 A3（3 张 ×110 份）
		激光打印纸	80 克 A3（2 张 ×110 份）
		复印纸	80 克 A4（3 张 ×110 份）

区域	模块	设备及材料	型号及说明
二	CAD 板型制作推板模块	服装 CAD 软件	V9.0 和 NACPRO
		激光打印机	C9100（1 台）用于 1：4 纸样输出
		服装高速绘图仪	RP-WJ/4 180-E（2 台），用于 CAD 1：1 纸样输出
		绘图纸	绘图仪用卷筒纸 5 卷
		激光打印纸	80 克 A3（5 张 ×110 份）
		复印纸	80 克 A4（4 张 ×110 份）
	裁剪配伍样衣试制模块	工艺理实一体化实训台	SPLS-01 210cm×160cm（110 张）
		电动高速平缝机	MJ-A-2015DS（110 台）
		面、辅材料	面料、里料、衬等（110 份）
		服装 CAD 纸样	1：1（2.5m×110 份）
		必备缝纫用具	缝纫线、梭芯、梭壳、划粉(110 套)
		自备工具	剪刀、锥子、尺

（三）竞赛场地要求

竞赛场地应为开放式、通透式，能同时满足 220 人左右在同一场地同时比赛的要求，确保比赛公正、公平。

开幕式在报告厅和多媒体教室进行，要求可以容纳 350 人面积。赛点需专门开辟休息室、赛务会议室、领队教练休息室等配套用房。比赛场地和各配套用房均需配备空调、饮水设施、消防设施、紧急通道，配置要齐全，布点要合理，比赛现场监控设施要完善。

（四）赛场环境要求

竞赛区域：服装电脑款式设计和理论考试区域；服装立体造型区域；服装工艺理实一体化（包括：理论考试、CAD 结构设计、样板制作、推板、裁剪、缝制、熨烫）工作区域；裁判工作区；作品展示区；专题讲座与大赛点评区以及其他区域。

1.裁判区域

在指定裁判工作场地，提供适宜的采光度较好的评分房间，以及适合的评分桌等供裁判使用。

2.专题讲座与大赛点评区域

在专题讲座指定场地提供专用的、设备先进齐全的、能容纳 220 人左右的会议室，供大赛进行专题讲座。

3.其他功能区域

在指定场地，设展示区、媒体区、休息区、服务保障区、申诉区等区域。

十四、安全保障

赛事安全是技能竞赛一切工作顺利开展的先决条件，是赛事筹备和运行工作必须考虑的核心问题。赛项执委会采取切实有效措施保证大赛期间参赛选手、指导教师、裁判员、工作人员及观众的人身安全。制定周密详细的工作方案，确保大赛顺利进行。

（一）竞赛安全

（1）执委会须在赛前组织专人对比赛现场、住宿场所和交通保障进行考察，并对安全工作提出明确要求。赛场的布置，赛场内的器材、设备，应符合国家有关安全规定。承办单位赛前须按照执委会要求排除安全隐患，及时发现可能出现的问题。

（2）赛场周围要设立警戒线，防止无关人员进入发生意外事件。比赛现场内应参照相关职业岗位的要求为选手提供必要的劳动保护。在有危险性的操作环节，裁判员要严防选手出现错误操作。

（3）承办单位应提供保证应急预案实施的条件。对比赛涉及用电量大、易发生火灾等情况，必须明确安全制度和预案，并配备急救人员与设施。

（4）执委会须会同承办单位制定开放赛场和体验区的人员疏导方案。对赛场环境中人员密集的区域，除了设置齐全的指示标志外，须增加引导人员，并开辟备用通道。

（5）大赛期间，承办单位须在赛场管理的关键岗位增加人员，建立安全机制与管理措施，应对突发事故。

（二）赛场安全

（1）所有人员必须凭证件进入赛场，配合做好安检工作。

（2）参赛选手进入赛位、赛事裁判工作人员进入工作场所，严禁携带通讯、照相摄录设备以及记录用具。如确有需要，由赛场统一配置、统一管理。赛项可根据需要配置安检设备对进入赛场重要区域的人员进行安检。

（3）服从命令，听从指挥，在规定区域活动，不得擅自离开。

（4）选手对比赛过程安排或比赛结果有异议，须通过领队向仲裁组反映。对于违反赛场纪律、扰乱赛场秩序者，将视情节轻重予以处理，直至终止比赛、取消比赛资格。

（5）比赛期间如发生特殊情况，要保持镇静，服从现场工作人员指挥。遇紧急情况，服从安保人员统一指挥，有序撤离。

（6）所有人员要妥善保管好自身携带的物品，贵重物品（含钱款）妥善存放。

十五、经费概算

（一）按照2017年《全国职业院校技能大赛经费管理暂行办法》有关要求制订赛项经费概算（附表1-6）

附表1-6　经费概算表

序号	项目经费预算	金额（万元）
1	比赛面料、胚布、纸等专用耗材	10
2	专家、裁判、监督、仲裁和有关工作人员的劳务支出	10
3	获奖选手奖金	10
4	开幕式和闭幕式	2
5	大赛宣传及直播、资源拓展	8
6	竞赛场地布置	8
7	赛务筹备费、培训费、会议费	8
8	赛项服装费	4
合　计		60

（1）拓展设计材料预算：120克A3激光彩色打印纸每人3张，每张1.5～2元；80克A3激光打印纸每人2张，每张1元。80克A4试卷用纸每人3张，每张0.5元。总价视具体的报名人数而定。

（2）立体造型材料预算：立体裁剪用坯布每位选手2米，每米约10元；立体裁剪造型用面料每位选手2~2.5米，每米约60元；标记带每人2卷，每卷约8元；大头针每人1盒，每盒约25元；3张整开硫酸纸，拷贝纸每张2元；80克A3激光打印纸每人2张，80克A4试卷用纸每人3张，每张0.5元。总价视具体的报名人数而定。

（3）服装CAD材料预算：输出用80克A3激光打印纸每人5张，每张1元；80克A4试卷用纸每人4张，每张0.5元；CAD输出用纸3米，每米0.8元。总价视具体的报名人数而定。

（4）服装缝制材料预算：幅宽1.6米的服装面料，每米约60元，每人1.5米。里料、缝纫线、黏合衬等辅料。总价视具体的报名人数而定。

（5）竞赛选手奖品经费：一等奖20名×1500元为3万元；二等奖40名×900元

为 3.6 万元；三等奖 60 名 × 500 元为 3 万元。

（6）专家、裁判、监督、仲裁和有关工作人员的劳务支出、交通住宿费约 8~10 万元。

（二）经费保障

1. 指导思想

坚持社会效益和教育效益为前提，以地方投入为基础，借助行业企业赞助，多渠道筹划资金，确保资金落实到位。统筹兼顾，合理安排，专款专用，厉行节约。

2. 资金渠道

承办校自筹资金。承办校为承办赛项投入的专项资金，包括承办校主管部门拨给承办校的赛项专项资金；竞赛所在地的省教育厅、市人民政府、市教育局筹措专项经费；由行业企业、合作企业给予赛事赞助等。

十六、比赛组织与管理

（一）赛项组织机构

全国职业院校技能大赛各赛项设立赛项执行委员会，下设专家工作组、裁判组。全国职业院校技能大赛赛项执行委员会要在大赛执委会领导下开展工作，并接受赛项所在分赛区执委会的协调和指导。赛项执行委员会主要工作：

（1）全面负责本赛项的筹备与实施工作，编制赛项经费预算，统筹管理赛项经费使用。

（2）推荐赛项专家组成员、裁判和仲裁人员，负责赛项资源转化、安全保障等工作。

（3）专家工作组在赛项执委会领导下开展工作，负责本赛项技术文件编撰、赛题设计、赛场设计、赛事咨询、裁判人员培训以及赛项执委会安排的其他竞赛技术工作。积极指导、支持裁判工作，但不得干扰裁判独立履行裁判职责。认真填写《全国职业院校技能大赛专家工作手册》并交赛项执委会存档考核。

（4）裁判组接受赛项执委会的协调和指导，裁判组工作实行"裁判长负责制"，设裁判长 1 名，全面负责赛项的裁判与管理工作，并根据《全国职业院校技能大赛成绩管理办法》对裁判进行合理分工。裁判分为加密裁判、现场裁判和评分裁判三类。

加密裁判：负责组织参赛选手抽签并对参赛选手的信息进行加密、解密。加密裁判不得参与评分工作。

现场裁判：按规定维护赛场纪律，按操作规范做好赛场记录，对参赛选手现场及环境安全负责。

评分裁判：负责对参赛选手的技能展示、操作规范和竞赛作品等按赛项评分标准进行评定。

裁判长需开赛前一天组织裁判培训；组织学习赛项竞赛规程，熟悉比赛规则、注意事项、技术装备和评分方式，统一执裁标准，提高执裁水平。裁判在工作期间应严格履行裁判工作管理规定，认真填写《全国职业院校技能大赛裁判工作手册》。

（二）赛项承办院校职责

赛项承办院校在赛项执委会领导下开展工作，负责赛项的具体保障和工作实施，主要职责包括：

（1）按照赛项技术方案落实比赛场地及基础设施；配合赛项执委会做好比赛组织、接待和宣传工作。

（2）维持赛场秩序，保障赛事安全。

（3）参与赛项经费预算，管理赛项经费账户，执行赛项预算支出，委托会计师事务所进行赛项经费收支审计。

（4）负责比赛过程文件存档和赛后资料上报等工作。

（三）赛项监督组职责

监督组在大赛执委会领导下开展工作，并对大赛执委会负责。

（1）监督组在大赛执委会领导下，对指定赛区、赛项执委会的竞赛筹备与组织工作实施全程现场监督。监督工作实行组长负责制。

（2）监督组的监督内容包括赛项竞赛场地和设施的布置；廉洁办赛；选手抽签加密；裁判培训；竞赛组织；成绩评判及成绩复核与发布、申诉仲裁等。

（3）监督组不参与具体赛事组织活动及裁判工作。

（4）监督组在工作期间应严格履行监督工作职责。

（5）对竞赛过程中的违规现象，应及时向赛项执委会提出改正建议，同时留存监督过程资料。赛事结束后，认真填写《监督工作手册》并直接递交大赛执委会办公室存档。

（四）仲裁人员的职责

赛项仲裁工作组在赛项执委会领导下开展工作，并对赛项执委会负责。

（1）熟悉本赛区内相关赛项的竞赛规程和规则。

（2）掌握各自辖区内赛事的动态及进展情况。

（3）受理各参赛队的书面申诉。

（4）对受理的申诉进行深入调查，做出客观、公正的集体仲裁。

（五）参赛队职责

（1）各省、自治区、直辖市和计划单列市在组织参赛队时，须为参赛选手购买大赛期间的人身意外伤害保险。

（2）各省、自治区、直辖市和计划单列市参赛队组成后，须制定相关安全管理制度，落实安全责任制，确定安全责任人，签订安全承诺书，与赛项责任单位一起共同确保参赛期间参赛人员的人身、财产安全。

（3）各参赛单位须加强对参赛人员的安全管理及教育，并与赛场安全管理对接。

十七、教学资源转化建设方案

整理大赛过程中的技能点，提炼出符合行业标准，契合课程标准，突出技能特色，展现竞赛优势，形成满足职业教育教学需求；体现先进教学模式；反映职业教育先进水平的共享职业教育教学资源。资源转化成果包含基本资源和拓展资源。

（一）基本资源

基本资源按照风采展示、技能概要、教学资源三大模块设置。

（1）风采展示。赛后即时制作时长 15 分钟左右的赛项宣传片，以及时长 10 分钟左右的获奖代表队（选手）的风采展示片。供专业媒体进行宣传播放。

（2）技能概要。包括技能介绍、技能操作要点、评价指标等。

① 整理竞赛样题、试题库。赛后将竞赛样题、试题库整理归档，修正题库在实际训练中存在的问题，形成系统的、典型的教学案例，提炼成为技能训练大纲。

② 整理竞赛技能考核评分要点案例。提取比赛的失分点，针对教学和训练存在的问题进行分析和解决。

③评委、裁判、专家点评。针对比赛存在的问题点评，提升中职服装设计与工艺专业师生的职业素质和技能水平，逐步将赛项考核的核心技能与核心知识融入服装课程教学改革项目中。

（3）教学资源。教学方案、实验实训、实训资源以教学单元按任务模块或技能模块组织设置，突出典型工作任务，形成以项目为导向、以任务为驱动的教学模式，以培养工作能力为核心的教学内容。包括演示文稿、图片、操作流程演示视频、动画及相关微课程等。

①内容、形式组织丰富，比赛训练作品、学习感悟等。

②实验实训模块作品、企业实习报告等。

③设计绘制的款式、设计制作的成衣等。

④信息化教学、微课等。

（二）拓展资源

拓展资源是反映技能特色，可应用于各教学与训练环节，支持技能教学和学习过程中较为成熟的辅助资源。

（1）加强学校与企业的合作，教学与生产的结合，优化现有教学或实训模式。

（2）评点视频、访谈视频、试题库、案例库、素材资源库等。

（3）建立技能比赛互动平台，通过平台使各院校之间专业及时交流互动，取长补短、优势互补，资源共享。

（三）技术标准

资源转化成果可包含文本文档、演示文稿、视频文件、Flash 文件、图形 / 图像素材和网页型资源等。这些资源要上传至大赛指定的网络信息发布平台 http：//dsw.chinaskills-jsw.org。（技术标准参照全国职业院校技能大赛制度汇编—全国职业院校技能大赛资源转化工作办法）

十八、筹备工作进度时间表

依据赛项筹备工作，制定筹备工作时间进度表（附表 1-7）。

附表 1-7　筹备工作进度时间表

时间	工作任务
2017 年 8 月	申报材料
2017 年 10 月	成立执委会、确定专家组
2017 年 11 月 ~ 2018 年 2 月	比赛筹集阶段（报名、选拔）
2018 年 2 月 ~ 4 月	赛前准备阶段（试题、设备等）
2018 年 5 月 ~ 6 月	比赛阶段

十九、裁判人员建议

推荐国内行业协会专家、技术专家、企业专家、本科及高职院校专家担任裁判，裁判认真学习赛项规程，严格执行竞赛评分标准，按照公平、公正、客观的原则执裁（附表 1-8）。

附表 1-8　裁判人员表

序号	专业技术方向	知识能力要求	执裁、教学、工作经历	专业技术职称（职业资格等级）	人数
1	服装与服饰设计（艺术）	熟悉本赛项专业知识和操作技能	相关工作 5 年以上，熟悉大赛工作	副高及以上专业职称或高级技师	6
2	服装设计与工艺（工程）				7
裁判总人数	裁判总人数 13 人，其中裁判长 1 人，现场裁判员 2 人，评分裁判员 10 人				

二十、其他

公开承诺赛题由专家组统一命制《2018 年全国职业院校技能大赛中职组服装设计与工艺赛项试题库》保证至少在于开赛 1 个月前将全部赛题在大赛网络信息发布平台上公布（www.chinaskills-jsw.org）。

附录2 竞赛时间分配

一、理论考试：50分钟（附表2-1）

附表 2-1

模块	步骤	建议时间分配	时间流程	备注
理论机答考试（50分钟）	理论素养题	50分钟	14：00 ~ 14：50	参加模块一、二的选手
			10：40 ~ 11：30	参加模块三、四的选手

二、模块一与模块二：女式春夏时装电脑拓展设计、纸样设计与立体造型470分钟（附表2-2）

附表 2-2

模块	步骤	建议时间分配	时间流程	备注
模块二 纸样设计与立体造型（320分钟） 8：00 ~ 13：50 （除去休息、午餐 30分）	立体裁剪衣身和领子	90分钟	8：00 ~ 9：30	
	拓板、制作裁剪用样板	60分钟	9：30 ~ 10：30	
	整理面料	10分钟	10：30 ~ 10：40	
	裁剪面料	20分钟	10：40 ~ 11：00	
	假缝样衣 1	60分钟	11：00 ~ 12：00	
	休息、午餐	30分钟	12：00 ~ 12：30	
	假缝样衣 2	70分钟	12：30 ~ 13：40	
	试穿整理	10分钟	13：40 ~ 13：50	
模块一 拓展设计（150分钟） 14：50 ~ 17：20	用图形处理软件绘制、设计款式图	70分钟	14：50 ~ 16：00	时间可打通
	用图像处理软件处理色彩与图案	60分钟	16：00 ~ 17：00	
	整理画面效果	20分钟	17：00 ~ 17：20	

附录3 赛项评分细则

2018年全国职业院校技能大赛中职组"服装设计与工艺"赛项评分细则

女式春夏时装电脑款式拓展设计、纸样设计与立体造型评分细则（附表3-1）

附表3-1

模块	评分项目	评分要点	分值	评分方式
模块一 款式拓展设计 （15分）	拓展款式设计的结构与比例	1. 根据题意，进行服装款式图正、背面拓展设计，要求结构合理 2. 服装拓展正、背面款式图，线条清晰流畅，粗细恰当，层次清楚 3. 比例美观协调，符合形式美法则	5分	结果评分 主观评分
	服装款式细节与工艺表达	1. 服装款式细节表达清楚，设计合理 2. 工艺特征明确 3. 在款式图上难以直观表达的局部细节造型，可使用局部特写图表达	2分	结果评分 客观评分
	软件应用能力	图形与图像处理软件结合使用，绘画表现力能力强	2分	结果评分 主观评分
	服装色彩、面料肌理表现	1. 分析图像特征，提取其色彩和图形元素，重新组合，并运用到拓展设计中 2. 能根据图片素材风格的特性，选择相应的技法表现肌理、质感和纹样效果 3. 能根据服装风格及提供的素材图片，把握服装与色彩的关系	4分	结果评分 主观评分
	设计元素与风格、整体造型效果	1. 设计元素运用恰当，主题鲜明，造型新颖，整体风格协调统一 2. 服装整体造型效果符合命题要求。设计作品具有创新意识，符合市场流行趋势，具有时代感	2分	结果评分 主观评分
模块二 纸样设计与制作 （15分）	立体裁剪操作技法	1. 人体与服装的空间关系合理，松量适度，衣身平衡，胸和肩胛骨的立体度 2. 领子的翻转关系处理得当 3. 袖山与袖窿的结构及造型关系合理 4. 大头针排列有序 5. 结构缝光洁，无毛漏	10分	结果评分 客观评分
	样板制作	1. 拓纸样准确，缝份设计合理 2. 纸样主件、零部件齐全 3. 内外关系正确	4分	结果评分 客观评分
	制图符号	制图符号标注准确：各部位对位标记、纱向标记、归拔符号等	1分	结果评分 客观评分

模块	评分项目	评分要点	分值	评分方式
模块二 立体造型 （15分）	领子外观评价	1. 领面光滑平顺 2. 领座光滑平顺 3. 翻领线圆顺 4. 外领口弧线长度合适 5. 驳领翻领线平服	2分	结果评分 主观评分
	袖子外观评价	1. 袖山的圆度 2. 袖子的角度 3. 袖子的前倾斜	2分	结果评分 主观评分
	衣身外观评价	1. 前、后衣长平衡 2. 胸围的松量分配适度 3. 胸立体和肩胛骨适度 4. 腰部合体 5. 底摆平服 6. 袖窿无浮起或紧拉 7. 无不良皱褶	3分	结果评分 主观评分
	整体造型	1. 作品整体外观光洁 2. 造型设计效果表达准确 3. 体、面关系处理得当，各部位线条光滑流畅	3分	结果评分 客观评分
	样衣规格与松量设计	1. 立体造型假缝成品规格应符合样板要求 2. 松量设计：a、与款式风格匹配；b. 符合人体运动功能性与舒适度要求；c. 与面料性能匹配	2分	结果评分 客观评分
	假缝样衣品质评价	1. 手针假缝针距均匀，手针方法恰当 2. 缝份倒向合理，缝子平整。毛边处理光净整齐，方法准确，无毛露 3. 布料纱向正确，符合款式风格造型要求	3分	结果评分 客观评分